OPUSCULES

ENTOMOLOGIQUES

PAR

E. MULSANT,

Sous - Bibliothécaire de la ville de Lyon,
Professeur d'Histoire naturelle au Lycée,
Membre de l'Académie des sciences, belles-lettres et arts,
des Sociétés d'Agriculture, Linnéenne, et Littéraire de la même ville;
Membre honoraire de la Société Entomologique de Stettin,
Correspondant des Sociétés des Sciences de Lille, des Naturalistes de Moscou,
de Halle, de Basle, d'Altenbourg, etc., etc.

QUATRIÈME CAHIER.

PARIS.

L. MAISON, LIBRAIRE, RUE CHRISTINE, 3.

1853.

OPUSCULES

ENTOMOLOGIQUES.

A MONSIEUR MILNE-EDWARDS,

MEMBRE DE L'INSTITUT,

Professeur au Muséum d'Histoire naturelle

et à la Faculté des Sciences de Paris,

Chevalier de la Légion-d'Honneur, etc., etc..

Monsieur,

Les sciences naturelles ne vous doivent pas seulement d'admirables travaux; elle vous sont redevables du zèle avec lequel vous poursuivez le classement des nombreux insectes naguères dispersés dans les cartons du muséum de Paris.

Grâces à vos soins, la magnifique collection de cet établissement, l'une des gloires de la France, peut être offerte à l'admiration de tous les naturalistes et devenir pour eux des sujets d'étude.

Dans votre amour éclairé pour la science, vous vous plaisez à

favoriser les hommes studieux qui peuvent contribuer à ses progrès.
Sans votre bienveillante obligeance, le travail que j'ose vous dédier
serait resté plus stérile et plus incomplet ; puisse ce faible hommage
vous témoigner ma reconnaissance, et vous renouveler l'assurance
des sentiments profonds de respect avec lesquels

J'ai l'honneur d'être

Votre très-humble serviteur,

E. Mulsant.

Lyon, le 1er août 1853.

ESSAI

D'UNE

DIVISION DES DERNIERS MÉLASOMES,

PAR

E. MULSANT et Cl. REY.

Présenté à l'Académie des sciences, belles-lettres et arts
de Lyon, le 14 juin 1853.

PRÉLIMINAIRES.

La plupart des Entomologistes ont dû s'apercevoir depuis longtemps combien étaient incertaines ou peu nettement tracées les
limites servant à séparer les derniers genres de Mélasomes ([1]).
Occupé, l'année dernière, de la continuation de mon *Histoire
naturelle des Coléoptères de France* ([2]), j'avais cherché à établir des coupes d'après des caractères plus solides ou plus généraux, lorsqu'après avoir arrêté la base de ce travail, l'idée m'est
venue, pour le rendre moins imparfait, de jeter un coup d'œil
sur les autres insectes, soit européens, soit exotiques, appartenant au même groupe, se trouvant dans les collections si
obligeamment mises à ma disposition([3]). Aux richesses que j'avais
déjà sous la main, sont venus successivement s'ajouter des ma-

---

([1]) Surtout avant la division générique proposée par M. Waterhouse.

([2]) La livraison comprenant les Hétéromères, annoncée depuis longtemps
et retardée par le travail que nous publions, ne tardera pas à paraître.

([3]) Celles de MM Foudras, Gacogne, Godart, Guillebeau, Levrat et Perroud, de Lyon; Aubé, Chevrolat (renfermant divers exemplaires typiques

tériaux nouveaux dont je recevais la communication (¹),et l'étude de ces petits animaux dont le but unique était d'abord de me fournir le moyen de produire pour les Hétéromères de France une œuvre plus consciencieuse, a pris bientôt des proportions plus étendues, et, avec le concours de mon ami, M. Cl. Rey, est devenue une sorte de monographie d'une partie des derniers Mélasomes (²).

---

d'Olivier, de Saint-Fargeau et Serville), Deyrolle, Fairmaire, Jeckel, de Marseul et Reiche, de Paris; le capitaine Gaubil, de Quilan(Aude) (contenant les types des insectes indiqués dans son catalogue); Wachanru, de Marseille; Perris, de Mont-de-Marsan; Pilate, de Lille; Doublier et Jobert, de Draguignan; Billot, de Haguenau; Victor Mulsant, de La Seyne.

(¹) Ainsi m'ont été confiés, par MM. Milne Edwards, l'un des conservateurs du Muséum de Paris, les insectes appartenant à cet établissement, (renfermant les types des ouvrages de MM. Brullé sur la Morée, Lucas sur l'Algérie, et plusieurs des insectes publiés par Olivier); Schiœdte, conservateur du Muséum de Copenhague, quelques-uns des Coléoptères ayant servi aux descriptions de Fabricius; Ch. Boheman, conservateur du Museum d'histoire naturelle de Stokholm, quelques-uns des types des insectes décrits par Schönherr ou par ses amis; le comte de Mannerheim, président de la haute cour de justice de Vibourg; Menestriès, conservateur du Muséum de Saint-Pétersbourg; le colonel Motschoulsky de la même ville, soit des insectes décrits dans leurs ouvrages, soit des représentants authentiques des espèces mises au jour par MM. le comte Fischer, Falderman, Gebler, etc., soit enfin des espèces nouvelles; les docteurs Schaum et Germar de Halle, les Hétèromères appartenant à nos PARVILABRES,publiés par ce dernier; John Leconte des Etats-Unis, des types de divers genres nouveaux introduits par lui dans la science; Gay et Giraudy, les espèces du Chili, publiées par Solier dans l'ouvrage du premier; Waterhouse, de Londres, les Pedonœces des îles de Galapago décrits par lui; Achille Costa de Naples, quelques insectes dont on lui doit la connaissance; le docteur de Polinière, de Lyon; de Kiesenweter de Leipzig; Baudi de Turin; le docteur Rosenhauer d'Erlangen, Guex des Etats-Unis, Westwood de Londres, soit des matériaux, soit des renseignements précieux. Puissent ces lignes leur offrir un vif témoignage de ma reconnaissance !

(²) Nous avons décrit toutes les espèces des premières tribus, dont nous

L'essai que nous offrons devait être tracé par la main habile de Solier , quand la mort est venu si malheureusement briser sa plume ; il rendra sans doute plus regrettable encore la perte de ce savant naturaliste.

Lyon, 25 mai 1853.

E. M.

HISTORIQUE.

Avant d'entrer en matière , nous croyons utile de donner un aperçu chronologique des travaux divers produits avant le nôtre, afin de faire connaître la part revenant à chacun, dans les progrès dont la science peut se glorifier.

1761. Linné , dans sa *Fauna suecica* , inscrivit dans son genre *Silpha*, sous le nom de *sabulosa* (¹) la seule espèce connue alors de lui , des Coléoptères objets de ce travail.

1762. Dans son *Histoire abrégée des insectes des environs de Paris* , le créateur de la méthode divisionnaire ayant pour base les différences que présentent les tarses dans le nombre de leurs articulations, Geoffroy , fut naturellement porté par la marche adoptée dans sa classification à ranger cet insecte parmi ses Ténébrions (²); il enrichit ce même genre d'une espèce nouvelle de nos Parvilabres.

1767. Quelque temps après, Linné donna à celle-ci le nom spécifique de *femoralis* dans la 12ᵉ édition de son *Systema naturae*(³).

---

avons eu la communication ; pour celles des *Opatrides,* les matériaux en notre possession n'étaient pas assez nombreux.

(¹) Fauna suecica, p. 150.

(²) Hist. abrég. des insectes, t. I, p. 347.

(³) Systema Naturae, t. I, 2ᵉ part., p. 679, 32.

1775. Fabricius, dans son *Systema Entomologiæ*, créa, à la suite du genre *Silpha*, le genre *Opatrum*(¹),auquel il donna les caractères suivants :

> *Palpi* anteriores clavati, clava oblique truncata : posteriores filiformes.
> *Labium* subemarginatum.
> *Antennae* moniliformes, extrorsum crassiores.

Dans cette coupe trouvèrent place la *Silpha sabulosa* de Linné, et diverses espèces nouvelles : le *Tenebrio femoralis* de son illustre maître lui était encore inconnu.

1787. Il décrivit, comme espèce nouvelle, la ♀ de ce dernier insecte, sous le nom de *Tenebrio dermestoides* (²), dans sa *Mantissa insectorum*. Dans le même ouvrage, quelques autres espèces de nos Parvilabres se virent inscrites dans les genres *Blaps* et *Helops*.

1790. Rossi, dans sa *Fauna etrusca*, en colloqua une autre dans la dernière de ces coupes (³).

1792. Dans son *Entomologia systematica*, Fabricius fit faire à la science un premier pas en déplaçant son *Tenebrio femoralis* et en renfermant dans les genres *Blaps*, *Opatrum* et *Helops* toutes les espèces de nos Parvilabres ballottées auparavant dans d'autres genres, et d'une manière surtout si malheureuse par Gmelin (⁴).

1801. Il modifia un peu ces dispositions, dans son *Systema eleutheratorum*, en introduisant un genre nouveau, celui de *Platynotus*(⁵), comprenant plusieurs espèces de Parvilabres, naguère

---

(¹) Systema entomologiae, p. 76, gen. 23

(²) Mantissa ins. t. I, p. 212, 13.

(³) Faun. etrusca, t. I. p. 236.

(⁴) Syst. Naturae, 12ᵉ édit.

(⁵) Syst. eleuth., t. I, p. 138.

dispersées principalement dans les genres *Blaps* et *Opatrum*, mais dans lequel se virent également admises diverses espèces étrangères à notre tribu. Il donna à cette coupe les caractères suivants :

Palpi quatuor inaequales : anteriores articulo ultimo dimidiato.

Labium breve, corneum, utrinque unidentatum.

Antennae apice moniliformes.

Corpus oblongum, obscurum, tardum. *Capite* ovato. *Clypeo* rotundo, emarginato. *Oculis* magnis, lateralibus, transversis, antice firmatis ; antennis brevibus, sub capitis clypeo insertis. *Thorace* planiusculo, marginato, margine rotundato, antice posticeque angulo acuto. *Scutello* parvo, triangulari. *Elytris* rigidis, longitudine abdominis, margine inflexo, cingente. *Pedibus* validis, simplicibus. *Femoribus* compressis. *Tarsis* anticis quinque, posticis quadriarticulatis. *Colore* obscuro.

Dans le même ouvrage il se demandait si son *Blaps emarginata* ne serait pas mieux placé parmi les *Helops*, avec l'espèce décrite par Rossi, sous le nom de *tristis*, et si le *Tenebrio femoralis* de Linné ne devrait pas prendre rang parmi ses *Platynotus*. Latreille, ajoutait-il, a fait avec raison, de ce dernier insecte, un nouveau genre qu'il nomme *Pedinus*, mais j'en ignore les caractères.

Latreille, en effet, (1796) dans son *Précis des caractères génériques des insectes*, avait établi cette coupe ([1]) dans la septième famille des Coléoptères, comprenant ceux ayant les antennes insérées sous le rebord du chaperon, à troisième article souvent allongé, et offrant cinq articles aux quatre tarses antérieurs et quatre aux postérieurs. Cette coupe nouvelle eut pour caractères diagnosties :

([1]) Précis, p. 20, gen. 89.

Antennes à dernier article globuleux : les précédents plus allongés.

Antennules antérieures avancées, en masse sécuriforme : les postérieures en masse arrondie.

Lèvre inférieure légèrement échancrée.

Ganache carrée.

Caractères habituels. *Corps* oblong, convexe en dessus. *Chaperon* arrondi. *Corselet* carré, peu rebordé. *Elytres* arrondies postérieurement. *Jambes* renflées et élargies à leur extrémité. *Tarses antérieurs* courts, larges, aplatis, propres pour fossoyer. *Cuisses postérieures* longues, comprimées, arquées, ciliées.

Latreille, dans ce *Précis*, faible prélude de travaux plus glorieux, n'avait ajouté à l'appui de ses coupes génériques ni la description, ni même l'indication d'aucun insecte, à l'exemple de Fabricius, dans son *Genera*.

1804. Huit ans plus tard, dans son *Histoire naturelle des Crustacés, des Arachnides et des insectes* ([1]), il tenta avec plus de bonheur de faire pour ces petits animaux ce qu'on avait si heureusement essayé pour les plantes, de les diviser en familles naturelles. Il ouvrit ainsi une voie nouvelle destinée à faire abandonner la marche systématique et difficile de Fabricius. Dans cet ouvrage qui restera comme un des plus beaux titres de sa renommée, Latreille, revenu, à l'exemple d'Olivier, à la méthode tarsienne proposée par Geoffroy, partagea les Coléoptères ayant cinq articles aux tarses de devant et quatre à ceux de derrière, en plusieurs familles. Celle des *Ténébrionites*, distincte de celle des *Piméliaires* par la petitesse du menton, comprit entre autres genres ceux de *Pedinus*, *Opatrum* et *Platynotus*. Dans la première de ces coupes, il rassembla divers insectes dispersés ou ballottés jusqu'alors par Fabricius, Panzer, Herbst, Olivier et les autres

---

([1]) Hist. nat. générale et particulière des Crustacés et des insectes, t. IX (an XII), p. 281-288.

écrivains, dans les genres *Tenebrio*, *Blaps*, *Helops*, *Pimelia* et *Opatrum;* il en modifia de la sorte les caractères :

> *Palpes maxillaires* terminés par un article en forme de hache, et pouvant dépasser la tête par leur saillie.
>
> *Ganache* carrée.
>
> *Lèvre supérieure* cachée ou ne paraissant que dans une petite échancrure du bord supérieur de la tête.
>
> *Corps* ovale.
>
> *Corselet* en carré transversal', aussi large ou plus large que les élytres, concave en devant.
>
> *Elytres* descendant peu sur leurs côtés, n'embrassant pas l'abdomen comme celles des *Blaps*, et s'arrondissant à leur extrémité.

Dans le genre *Pedinus* tel qu'il venait de le reconstituer, il donnait place au *Tenebrio quisquilinus* de Linné (*P. glaber* LATR.), insecte qui s'éloignait des autres par le défaut d'échancrure à l'épistome, et par d'autres caractères.

Latreille, dans cet ouvrage, signalait les liens étroits qui unissent les Pédines aux Opatres, et se demandait s'il ne serait pas plus convenable de réunir en un seul genre, à l'exemple d'Illiger, les insectes compris dans ces deux coupes. Les Platynotes de Fabricius, ajoutait-il, ne sont pas suffisamment distincts des Pédines et des Opatres, et l'on pourrait en disperser les espèces dans les deux groupes.

1806. Le genre *Platynotus* disparut dans la méthode de M. Duméril (1) à qui l'on doit d'avoir donné un nom particulier à chacune des divisions tarsiennes des Coléoptères.

1807. Latreille sentit bientôt ce qu'il y avait de disparate dans l'union de son *Pedinus glaber* avec les autres espèces, et, dans son *Genera* (2), il établit, parmi les Pédines deux divisions : l'une,

---

(1) Zoologie analytique, p. 219.
(2) Genera, tom. II, p. 163-165.

comprenant les espèces à épistome entier : l'autre, celles chez lesquelles cette partie offre une échancrure. Il multiplia et précisa davantage les caractères de cette coupe ; indiqua les différents *Blaps* décrits par Fabricius qui devaient y être rapportés ; réunit en une seule espèce les *Blaps femoralis* et *dermestoides* de cet auteur, qu'Illiger ([1]) avait déjà reconnu n'offrir que des différences sexuelles. Il ne fit plus mention du genre *Platynotus*, et nos Parvilabres se trouvèrent ainsi réduits aux Pédines et aux Opatres, coupes comprises avec d'autres, dans sa famille des Ténébrionites. Il ne modifia en rien ces dispositions dans son ouvrage suivant ([2]).

1817. Mais dans la partie entomologique du Règne animal de Cuvier, Latreille réunit ses familles des Piméliaires et des Ténébrionites en une seule, celle des Mélasomes, qu'il partagea en trois divisions : la première, renfermant les Mélasomes à étuis soudés et à palpes maxillaires presque filiformes : la deuxième, comprenant ceux à étuis soudés et à palpes maxillaires terminés par un article sécuriforme : la troisième, embrassant ceux dont les étuis peuvent s'ouvrir et recouvrent des ailes. Le genre *Pedinus* figura dans la deuxième famille ; celui *d'Opatrum* dans la troisième. Mais, ici, il sépara d'une manière plus complète les divisions établies précédemment dans son genre Pédine, en rejetant le *Tenebrio quisquilinus* de Linné (*P. glaber* Latr.), après les Opatres, dans la troisième famille, où il devint le type d'une coupe nouvelle, admise depuis ce moment, sous le nom de *Crypticus* ([3]).

La même année, dans le Nouveau Dictionnaire d'histoire natu-

([1]) Magazin für Insektenkunde (1802), tom. I, p. 340.

([2]) Considérations générales sur l'ordre naturel des animaux. *Paris*, 1810, p. 205. A dater de cette époque, le genre *Pedinus* fut généralement admis. Quelques auteurs cependant hésitaient encore à s'éloigner de la marche de Fabricius, qui pendant si longtemps avait tenu le sceptre de l'Entomologie.

([3]) Le Règne animal, (1817) tom. III, p. 297 et 298.

relle (¹), il établit dans son genre *Pedinus* les trois divisions suivantes :

1° Bords latéraux du corselet presque droits postérieurement, sans rétrécissement brusque, formant, de chaque côté, avec le bord postérieur, un angle presque droit; (il y rapportait les *Pedinus femoralis*, les *Blaps ruficornis*, *laticollis* et *pusillus* de Herbst; *exarata* et *tibidens* de Schoenherr, et avec doute son *Platynotus striatus*; les *Platynotus dentipes* et *dilatatus*, et les *Blaps tibialis* et *punctata* de Fabricius).

2° Bords latéraux du corselet arqués, ayant un rétrécissement brusque très-marqué avant l'angle postérieur; (division dans laquelle il rangeait les *Platynotus excavatus* et *crenatus*; *Blaps striata*, *tristis*, *emarginata*; *Opatrum gibbum* de Fabricius, et le *Tenebrio pilipes* de Herbst).

3° Bords latéraux du prothorax arrondis postérieurement, sans saillie, en forme d'angle ou de dent (destinée à comprendre divers Pédinites d'Espagne et du Portugal). (Il ajoutait : le *Platynotus variolosus* de Fabricius est un *Silpha*; ses *Platynotus lœvigatus*, *undatus*, *serratus*, *morbillosus* et *rugosus*, sont des *Asida*; son *Blaps buprestoides* un *Hegeter*; son *Blaps glabra* un *Crypticus*).

1818. Peu de temps après, Kirby, en décrivant dans les Transactions de la Société Linnéenne de Londres, une centurie d'insectes nouveaux, constitua le genre *Eurynotus* (²) caractérisé comme il suit :

Labrum transversum, emarginatum.
Labium fissum, brevissimum, submembranaceum.
Mandibulae validae, conniventes, apice bidentatae.
Maxillae basi apertae.

(¹) Nouveau dict. d'hist. nat. appl. aux arts, t. XXV (1817), p. 109-112.
(²) A century of insects, etc. *in* The Transact. of the Linnean Society, tom. 12, p. 418 et 419.

Palpi articulo extimo majori securiformi.

Mentum quadrangulum : lateribus rotundatis, subcarinatum.

Antennae extorsum crassiores : articulo extimo orbiculato.

Corpus oblongum, apterum.

Tarsi anteriores quatuor dilatati , pulvillati.

Le genre *Eurynotus*, ajoutait l'auteur anglais, se distingue de celui de *Pedinus* Latr. dont il est très-voisin, par un labre plus large, plus apparent, et par un chaperon non fendu, quoique échancré. Les quatre tarses antérieurs des mâles, et non la première paire seulement, sont dilatés. Le thorax offre aussi, à la base, sa plus grande largeur, tandis que chez les Pédines, il est plus large dans le milieu.

1821-1823. Deux genres seulement, ceux de *Platynotus* et *Eurynotus* étaient venus se grouper autour de ceux de *Pedinus* et *Opatrum*, lorsque les catalogues de Dejean ([1]) (1821) et de Dahl([2])(1823) répandirent, mais sans indication de caractères, les noms d'un certain nombre de coupes nouvelles démembrées des *Pedinus* ou s'y rattachant : *Heliophilus,* Dejean ; *Pandarus* (Megerle) Dahl , (*Dendarus* Dejean.); *Phylax* (Megerle) Dahl , (*Phylan* Dejean) ; *Opatrinus* , Dejean; *Blapstinus* Dejean; *Isocerus* (Megerle).

1823 Sans adopter ces coupes génériques , Le Pelletier de Saint-Fargeau et M. Audinet-Serville se bornèrent à reproduirent dans le genre *Pedinus* ([3]) les trois divisions établies précédemment par Latreille dans le Nouveau Dictionnaire d'histoire naturelle, en y ajoutant des descriptions d'espèces.

1825. Latreille, dans ses Familles naturelles du règne animal([4]), continua à partager ses *Mélasomes* en trois divisions, en prenant pour l'une des bases de ces coupes le caractère équivoque et variable de la présence des ailes. La partie de nos Parvilabres

---

([1]) *Dejean,* Catal. (1821), p. 65-66.

([2]) *Dahl,* Coleoptera and Lepidoptera, (1823) p. 42.

([3]) Encyclopédie méthodique, tom. 10 (1825), art. *Pedinus,* p. 24-27.

([4]) Familles naturelles du règne animal (1825), p. 375.

comprise dans sa famille des Blapsides fit partie de la division de ceux de ces insectes ayant le menton petit, et les deux ou quatre tarses antérieurs dilatés dans les mâles(¹). Cette division renfermait les genres, *Eurynote*, *Pédine* et celui de *Platyscèle* étranger à nos Parvilabres. Aux Pédines, ajoutait l'auteur, se rapportent les *Pédines*, les *Héliophiles*, les *Dendares*, les *Phylans*, et les *Opatrines* de M. le comte Dejean, ainsi que les *Isocères*.

1829. Dans la seconde édition du Règne animal de Cuvier (²), Latreille tenta, mais d'une manière malheureuse, d'assigner des caractères aux coupes nouvelles se rattachant à son genre *Pedinus*, c'est-à-dire comprenant ses *Blapsides* « à corps ovale « et peu allongé, dont le repli latéral des élytres est étroit, et « s'étend peu en dessous; dont le corselet est toujours trans- « versal, presque carré ou trapézoïde, avec les bords latéraux « arqués. »

   a Ici, le bord antérieur de la tête est toujours échancré. Les deux tarses antérieurs des ♂ sont seuls manifestement plus larges et plus dilatés que les suivants.

   b Ceux où les ♂ ont les quatre premiers articles des tarses antérieurs de la même largeur, avec le radical triangulaire, les trois suivants transversaux et presque égaux, toutes les jambes étroites et allongées, le corselet rétréci postérieurement et terminé par des angles aigus, forment le genre *Opatrinus*, Dejean.

bb Ceux où les mêmes tarses et dans les mêmes individus ont le premier article et surtout le quatrième sensiblement plus étroits ou plus petits que les deux intermédiaires, dont le corselet se rétrécit près des angles postérieurs, composent quatre autres sous-genres, mais dont les caractères sont si faibles et si nuancés, que ces coupes peuvent être réunies en une seule, celle de *Dendarus* Meg. Dej.

(¹) Quelques-uns de nos Parvilabres se trouvaient, par là, rejetés dans la division des Blapsides à menton petit, à tarses semblables ou presque semblables dans les deux sexes.

(²) Latreille, Règne animal de Cuvier (1829) (partie entomologique), tom. 2, p. 19-21.

α   Quelques espèces ont , ainsi que les Opatrines , les jambes antérieures ou du moins les deux premières peu dilatées à leur extrémité, et presque identiques dans les deux sexes; le corselet rétréci brusquement de chaque côté , près des angles postérieurs, qui forment une petite dent aiguë : ce sont les *Dendares* proprement dits.

αα Dans les suivantes , les quatre jambes antérieures , ou du moins les deux premières , sont dilatées triangulairement à leur extrémité. Le dessous des intermédiaires et des deux dernières, celui même des cuisses postérieures, est soyeux dans plusieurs mâles.

β   Tantôt les côtés du corselet sont rétrécis brusquement près des angles pos. térieurs, ou sont presque arrondis, à dent saillante à cette extrémité. Le corps est ovale. Tels sont les *Héliophiles* Dej.

ββ Tantôt le corselet se termine insensiblement de chaque côté par un angle pointu. Le corps est proportionnellement plus court et plus large.

γ   Des espèces à corselet grand , guère plus large que long , fortement rebordé latéralement, et dont le corps est peu bombé en dessus, composent le genre *Eurynotus* Kirby.

γγ D'autres dont le corps est sensiblement plus convexe ou plus bombé en dessus, avec le corselet transversal très-faiblement rebordé, sont des Isoceres (1).

bbb Dans les ♂ des derniers Pédines , les trois premiers articles des tarses antérieurs, toujours très-dilatés , diminuent progressivement de largeur, et le quatrième est très-petit. Les cuisses des mêmes individus sont concaves et soyeuses en dessous; le corps est ovale avec le corselet faiblement rebordé , s'élargissant de devant en arrière, ou faiblement rétréci en arrière, toujours terminé postérieurement et insensiblement par un angle pointu et prolongé. Telle sont les Pédines (*Pedinus*) proprement dits de M. le comte Dejean.

aa Là , le bord antérieur de la tête est entier ou sans échancrure dans plusieurs. Les quatre tarses antérieurs des ♂ sont également presque dilatés. La forme du corps et celle du corselet en particulier est encore semblable à celle des derniers Pédines.

c Ceux où le bord antérieur de la tête offre encore une échancrure profonde, forment le sous-genre *Blapstinus*, Dej.

cc Ceux où il est entier ou sans échancrure, celui de *Platyscelis*, Latr.

Quelqu'imparfaites que fussent ces divisions, dont le caractère

---

(1) La première idée de ce genre, attribuée à Megerle dans tous les ouvrages d'entomologie, appartient à Illiger (Mag. fur insectenk. (1802), t. I, p. 341.

principal était seulement propre à l'un des sexes, pendant assez longtemps les auteurs qui suivirent ne cherchèrent pas à les appuyer sur des bases plus solides, soit par respect pour l'illustre maître, soit pour éviter le travail d'une révision qui n'entrait pas dans leur plan.

1832. M. Brullé, dans la partie entomologique de l'Expédition Scientifique de Morée [1], suivit à peu près la marche de Latreille ; mais il réunit le genre *Opatrum* aux autres coupes établies aux dépens de celle de *Pedinus*, pour constituer sa famille des *Pédinites*, formant une sous-tribu des *Mélasomes*.

Ces insectes, dit-il, s'éloignent des Blapsidaires ; ils n'ont plus en général l'abdomen enveloppé latéralement par les élytres ; celles-ci ne se prolongent pas en pointe, les mâchoires sont découvertes à cause de la petitesse du menton, comme cela a lieu dans les TÉNÉBRIONIENS parmi lesquels on pourrait les placer s'ils n'étaient privés d'ailes.

Il créa le genre *Opatroides*[2] qu'il colloqua dans la sous-tribu des *Ténébrioniens*, en raison de l'existence de ses ailes, et il assigna au genre *Phylax* [3] indiqué dans les Catalogues, les caractères suivants :

Mandibulae crassae, apice subbifidae.

Labrum emarginatum, capitis excisi excavatione insertum.

Palpi maxillares articulo secundo claviformi, ultimo latissimo, subtriangulari, apice truncato.

Mentum suborbiculare, emarginatum, maxillarum basin haud abscondens.

Antennae articulis subcylindricis, articulo tertio praecedenti multo longiore, sequentibus sensim apice subdilatatis, ultimis tribus subrotundatis, praecedentibus paulo latioribus, undecimo praecedenti magnitudine superante.

Caput emarginatum.

Thorax subquadratus.

---

[1] BRULLÉ, expéd. scientifi. de Morée (animaux articulés) (1832), p. 190.

[2] BRULLÉ, loc. citat. p. 219.

[3] BRULLÉ, loc. citat. p. 209.

Elytra coalita ad apicem inflata , alas haud obtegentia, ventrem latera-
    libus amplectantia.

Pedes sat longi.

Obs. Dans toutes les espèces de ce genre, la tête est à peu près aussi longue
que large, profondément échancrée en avant ou bilobée, les côtés étant
coupés obliquement et les angles arrondis : le labre est échancré aussi, un
peu plus large que long, reçu dans l'échancrure de la tête, de manière à ne
pas dépasser ou de très-peu les bords de celle-ci. Le corselet est presque
carré, à peu près aussi long que large, arrondi sur les côtés, échancré en
arrière. L'écusson est petit, transversal. Les élytres s'élargissent sur les côtés,
ce qui leur donne quelques rapports avec les Blapsidaires, rapports confirmés
d'ailleurs avec la ressemblance du menton et des palpes maxillaires.

Le genre *Opatroides* eut pour base :

Mandibulae crassae, breves, apice subbifidae.

Labrum vix conspicuum, emarginatum, capitis exscisi excavatione insertum.

Palpi maxillares articulo secundo subclavato, ultimo latissimo, subtrian-
    gulari, apice truncato.

Mentum suborbiculare, vix emarginatum, maxillarum basin haud abscon-
    dens.

Antennae articulis plerisque subcordiformibus, ad apicem increscentibus,
    articulo tertio praecedenti duplo longiore, ultimo praecedenti longiore,
    subtrochiformi.

Caput emarginatum.

Thorax transversus.

Elytra haud coalita, alas obtegentia, latitudine subaequalia, apice so-
    lummodo rotundata, ventrem haud lateribus amplectantia.

Pedes breves.

Obs. La tête est transversale, assez profondément échancrée en avant, ses
côtés obliques. Les mâchoires ne sont pas cachées par le labre qui est fort
petit. Le corselet est beaucoup plus large que long, à angles aigus. L'écusson
est assez grand, triangulaire. Les élytres ont à peu près la même largeur
depuis la base jusqu'à l'extrémité, et sont séparées ; on trouve des ailes sous
les élytres. Le ventre n'est pas embrassé latéralement par ces dernières, et
en cela, ce genre se rapproche de ceux de la plupart des Pédinites, dans
laquelle il ne peut entrer à cause de ce seul caractère des ailes sous les élytres, caractère qui peut-être devra être mis de côté, si l'on veut faire quelque
chose de naturel. Dans les *Phylax*, les cuisses postérieures atteignent presque
la base de l'abdomen ; il s'en faut ici de presque toute leur longueur encore

pour que cela ait lieu. Ce genre fait le passage, par les *Opatrum*, qui ont les ailes soudées et point d'ailes dessous, de la tribu des MÉLASOMES à celle des TÉNÉBRIONIENS.

1833. Le comte Dejean, dans l'édition restée incomplète de son Catalogue, remit en lumière le genre *Platynotus* de Fabricius, et à partir de celui-ci jusqu'à la fin des MÉLASOMES, indiqua les nombreuses coupes suivantes :

Platynotus, FABRIC.; *Eurynotus*, KIRBY; *Selenepistoma* (SOLIER); *Blacodes* (DEJEAN); *Caedius* (DEJEAN); *Isocerus* (MEGERLE); *Coniontis*, ESCHSCHOLTZ; *Pedinus*, LATREILLE; *Heliopathes (olim Heliophilus)* DEJEAN; *Pandarus* (MEGERLE); *Notocorax* (DEJEAN); *Melanesthes* (DEJEAN); *Opatrinus* (DEJEAN); *Coronus* (DEJEAN); *Philax* (DEJEAN); *Blapstinus* (DEJEAN); *Pachypterus* (SOLIER); *Hadrus* (DEJEAN); *Epilasium* (DEJEAN); *Opatrum*, (FABRICIUS); *Sclerum* (DEJEAN); *Microzoum* (DEJEAN); *Leichenum* (DEJEAN); *Pilioloba* (SOLIER); *Crypticus*, LATREILLE.

De ces coupes, indiquées ainsi sans exposé des caractères sur lesquels elles sont fondées, quelques-unes comprennent des insectes étrangers à notre tribu des PARVILABRES; la plupart auraient sans doute subi des modifications plus ou moins profondes, si elles avaient été soumises à une étude sérieuse. Elles ne sont donc enregistrées ici que pour mémoire.

1834. Solier, dans son *Essai d'une division des Coléoptères Hétéromères* (¹), suivit à peu près, relativement à nos PARVILABRES, la marche de Latreille, c'est-à-dire en comprit une partie dans sa famille des COLLAPTÉRIDES, correspondant à peu près aux *Piméliaires* et aux *Blapsides* ou aux deux premières divisions de la famille des MÉLASOMES de Latreille, et rejeta les autres dans sa famille des CORYSOPTÉRIDES, renfermant la troisième division des MÉLASOMES et divers autres insectes des familles suivantes, du célèbre entomologiste de Brives.

La tribu des *Pédinites* de Solier, réduite à peu de chose près à ceux de nos PARVILABRES compris par Latreille dans ses *Blapsi-*

(¹) Annales de la Soc. entom. de Fr. t. III (1834), p. 479 et suiv.

des (¹), fut caractérisée ainsi par le savant naturaliste de Marseille :

Menton ne couvrant pas la base des mâchoires et laissant toujours un intervalle notable entre ses côtés et ceux de l'échancrure progéniale ; oblong
ou pas sensiblement transverse, en ovale tronqué aux deux extrémités, ou
élargi antérieurement et trilobé (²). *Tête* généralement courte, transverse
ou orbiculaire ; elle est, dans le plus grand nombre, notablement dilatée sur
les côtés antérieurement, et recouvre la majeure partie des mandibules.
Labre petit et situé dans une échancrure de l'épistome.

1835. M. Edward Newman, dans son Essai de division des insectes de la Grande-Bretagne (³), en familles naturelles basées sur
les caractères fournis par les larves, comprit tous les MÉLASOMES
de Latreille dans son ordre naturel des BLAPSITES.

1835. Faldermann, sans donner les caractères du genre *Melanesthes* indiqué dans le Catalogue Dejean, et sans doute pour
laisser à son auteur le soin de l'établir lui-même, fit connaître (⁴)
deux espèces se rattachant à cette coupe, et décrivit l'une d'elles
avec assez de détails pour suppléer à l'absence des caractères génériques.

1836. L'année suivante, il créa sous le nom de *Penthicus* (⁵)
une coupe déjà établie sous celui d'*Opatroïdes* par M. Brullé,
et il lui donna les bases suivantes :

Labrum nonnihil exertum, latitudine paulo brevius, lateribus rotundatum,
postice parum angustatum, antice late et sat profunde emarginatum,
rufo-ciliatum : lobis latis, obtuse rotundatis, inferne subangulatis.

(¹) Quelques *Opatrum* devaient y trouver place.

(²) En d'autres termes, le menton paraît ovale, tronqué aux deux bouts, comme dans
les Collaptérides précédents ; mais il est unidenté de chaque côté, près de l'extrémité.
(Note de Solier.)

(³) Attempted division of British Insects into Natural Orders (the Ento-
mological Magazin, vol. 2 (1835), p. 379-431).

(⁴) FALDERMANN, Lettre (à M. le comte Fischer de Waldheim) sur deux nouveaux Mélasomes (Bullet. de la Soc. imp. des Natur. de Moscou, t. VIII
(1835), p. 165-190).

(⁵) FALDERMANN, Beschreibung zur Kaeferkunde der Russischen Reichs
(Bullet. de la Soc. imp. des Natur. de Moscou, t. IX (1836), p. 384-385.)

Labium latiuscum, in medio parum emarginatum, apice utrinque ampliato-rotundatum, subciliatum.

Mandibulae validae, basi triangulares, arcuatae, apice emarginatae, lobis rotundatis, intus profunde excavatae, glabrae.

Maxillae corneae, apice profunde bipartitae, acutissime, acute denticulatae, ciliis rufis longis deuse obsitae.

Palpi inaequales : *maxillares* multo longiores, quadri-articulati ; articulo basali brevissimo, subrotundato ; secundo longissimo, cylindrico, apicem versus sensim incrassato ; tertio praecedente latiore, sed triplo breviore, incurvato, apice obtuse rotundato ; ultimo latissimo, subtriangulare, apice truncato : *labiales* crassiusculi, praecedentibus triplo fere breviores ; articulo apicali ovato, acuminato.

Antennae ante oculos sub lobo capitis insertae, 11-articulatae ; primus articulus basalis incrassatus, paulo elongatus, cylindricus, apicem versus vix dilatatus ; secundus brevissimus ; tertius longissimus, linearis, cylindricus, apice vix incrassatus ; 4-7 cylindrici, sub-obconici, tenues, extorsum sensim ac subtiliter latiores, nec non breviores ; 8-11 multo latiores, subtransversim rotundati, compressi ; ultimus brevis, latus conicus, acutus.

Clypeus latus profunde emarginatus, lobis ampliato-rotundatis, reflexis.

Ce genre, selon l'auteur, devait être placé près de celui de *Tenebrio*, dont il s'éloignait par la structure différente de ses antennes et de ses palpes.

1837. Le comte Dejean, dans la dernière édition de son Catalogue, destinée à remplacer celle de 1833, en grande partie anéantie par un incendie avant son impression complète, n'apporta relativement aux coupes génériques devant trouver place dans notre cadre, aucune modification à cette édition détruite qu'il donnait revue, corrigée et augmentée.

1840. M. le comte de Castelnau, dans son Histoire Naturelle des Insectes (¹), plaça parmi les ASIDITES, le genre *Platynotus* restitué à la science dans le catalogue Dejean ; à l'exemple de Latreille, il relégua le genre *Opatrum* dans sa tribu des TÉNÉBRIONI-

------

(¹) Hist. nat. des insectes (1840), tom. II, p. 208 et suiv.

naires distincte de celle des piméliairès et des blapsidaires par la présence d'ailes sous les élytres ; il colloqua également dans ses ténébrionaires le genre *Penthicus* qui lui était inconnu , et caractérisa de la manière suivante la famille des Pédinites :

> *Menton* grand, cordiforme, occupant transversalement la majeure partie du dessous de la tête.
>
> *Corselet* à rebords latéraux, nuls ou très-petits.
>
> *Tarses* très-dilatés dans les mâles.

Cette famille comprit les genres *Petrobius, Dendarus , Pedinus et Platyscelis*, parmi lesquels le premier et le dernier sont étrangers à nos Parvilabres. Il subdivisa les deux autres de la manière suivante :

G. **Dendarus,** Latr.

Insectes ayant de grands rapports avec les *Pedinus. Chaperon* échancré. *Corps* beaucoup plus allongé. *Tête* bien dégagée du corselet, celui-ci rétréci en arrière. *Antennes* grossissant insensiblement jusqu'à l'extrémité. *Cuisses* beaucoup moins renflées ; tarses antérieurs des ♂ à premier et quatrième articles plus grêles que les intermédiaires.

Première division (*Dendarus* proprement dits — *Dendarus* et *Philax* des catalogues).

Premier et quatrième articles des tarses antérieurs des ♂, plus étroits que les deux intermédiaires. — *Jambes* allongées, assez étroites. — *Corselet* rétréci subitement aux bords postérieurs.

Deuxième division (*Heliophilus* , Latr).

Premier et quatrième article des tarses antérieurs des ♂, plus étroits que les intermédiaires. *Jambes antérieures* plus ou moins dilatées à leur extrémité. *Corselet* arrondi aux extrémités, mais non étranglé subitement aux angles postérieurs.

Troisième division (*Opatrinus*).

Tarses antérieurs des ♂, à quatre premiers articles à peu près de même largeur.

G. **Pedinus**, Latr.

Antennes filiformes , de onze articles : le troisième plus long que les deux autres, les suivants coniques , les derniers un peu grenus , le quatrième ovalaire. *Labre* court, transversal, plus ou moins échancré, reçu dans une échancrure du chaperon. *Palpes* à dernier article sécuriforme.

Menton plus ou moins orbiculaire. *Lèvre* petite, échancrée. *Corps* court, ovalaire, convexe. *Tête* arrondie. *Corselet* large, échancré en avant. *Écusson* petit. *Élytres* plus ou moins convexes. *Pattes* fortes. *Cuisses* renflées, surtout les postérieures qui sont grandes. *Jambes* élargies. *Tarses antérieurs* du ♂, dilatés dans leur trois premiers articles.

Première division (*Eurynotus*, KIRBY).

Antennes allant sensiblement en grossissant vers l'extrémité. *Corps* court, très-convexe. *Corselet* grand, très-fortement rebordé latéralement.

Deuxième division. (*Blenosia*).

Antennes allant sensiblement en grossissant vers l'extrémité. *Corps* court, très-convexe. *Corselet* grand, non rebordé latéralement.

Troisième division. (*Zadenos*).

Antennes grêles, allongées, à quatre derniers articles globuleux et allant en grossissant. *Corps* allongé, naviculaire. *Corselet* convexe, hexagone, ayant un très-large rebord relevé. *Elytres* ovalaires, prolongées en arrière.

Quatrième division. (*Isocerus*).

Antennes assez grêles, allant en grossissant, à quatre derniers articles grenus. *Corselet* court, convexe, très-large, finement rebordé sur les côtés. *Elytres* ovalaires, souvent prolongées en arrière. *Pattes* grêles.

Cinquième division. (*Pedinus* proprement dits).

Antennes grêles, n'allant pas sensiblement en grossissant. *Corselet* très-grand, à peine rebordé, ordinairement plus large en arrière qu'en avant. *Elytres* convexes. *Pattes* fortes. *Cuisses postérieures* des ♂, concaves et soyeuses en dessous.

1840. M. Hope, dans le troisième volume de son Manuel des Coléoptéristes(¹) ouvrage dans lequel l'auteur continue à passer en revue les genres de Fabricius, fait remarquer, à propos de celui d'*Opatrum*, que les espèces décrites sous ce nom générique par le naturaliste de Kiel, se rattachent, à peu d'exceptions près, à deux familles ayant entre elles beaucoup d'analogie : celle des ASIDIDES et celle des OPATRIDES. Puis il donne le tableau des genres devant, selon son opinion, faire partie de chacune de ces deux familles. A

(¹) The Coleopterist's Manual, part the third (1840), in-8°, p. 110 et suivantes.

celle des *Asidides*, il rattache, aux divers autres genres dont il la compose, ceux de *Platynotus* FABR. (exemple : *Pl. excavatus* Fabr.); *Eurynotus* KIRBY, (*E. muricatus* KIRBY) ; *Selenepistomus* WEID. (*Platynotus dilatatus*, Fabr). Le tableau de sa famille des Opatrides comprend les genres suivants :

1° *Opatrum*, FABR. (*O. sabulosum*, FAB.); 2° *Scleron*, HOPE (*Sclerum*, DEJEAN) (*Opatrum orientale*, Fabr.); 3° *Trichoton*, HOPE (*T. cayennense*, HOPE); 4° *Isopteron*, HOPE (*I. australe*, HOPE); 5° *Microzoum* (DEJEAN) (*Opat. tibiale*. FAB.); 6° *Leichenum* (DEJEAN) (*Opatr. pictum*, FABR.); 7° *Psilioloba*, SOLIER (*Ps. salax*, LACORDAIRE); 8° *Crypticus*, LATREILLE (*C. glaber*, FABR.).

M. Hope change en *Scleron* le nom de *Sclerum* indiqué par Dejean, afin, dit-il, d'en rendre la terminaison plus correcte, puis il caractérise de la manière suivante, soit ce genre, soit les deux autres auxquels il a ajouté son nom.

G. Scleron.

Corpus elongatum. *Elytris* thorace duplo longioribus et latitudine aequalibus. *Caput* rugosum, clypeo fisso. *Antennis* ultimis articulis sensim incrassatis. *Thorax* rugosus. *Tibiae anticae* dilatato-trigonae.

G. Trichoton.

Corpus nitiduliforme, ovatum, convexum, postice subacuminatum, supra et infra pilosum. *Antennae* moniliformes, quatuor ultimis articulis extorsum crassioribus subaequalibus. *Femora* parum incrassata, *tibiis quatuor anticis* arcuatis, postice dilatatis (c'est-à-dire un peu dilatées et courbées en dessous à l'extrémité) : *tibiis posticis* rectis; in reliquis *Opatro* convenit.

Cette coupe répond, ainsi que l'avait fort bien remarqué Erichson ([1]), à celle que Dejean avait indiquée sous le nom plus euphonique d'*Epilasium* ; l'auteur lui rapporte une espèce désignée par lui sous le nom de *cajennense*, mais non décrite. Elle est vraisemblablement identique avec l'*Epilasium rotundatum* du Catalogue Dejean.

([1]) *Erichson*, Archiv für Naturg. t. 8, 2e partie (1842), p. 237 et Bericht, p. 49.

G. Isopteron.

Corpus elongatum, *Elytris* thorace triplo longioribus. *Caput* antice fossula transversa sulcatum postice rotundatum, *Clypeo* emarginata. *Thorax* fere semi-circularis angulis posticis externe fortiter incisis. *Scutellum* magnum. *Elytra* antice et postice fere aequalia. *Corpus* infra scabrum, punctatum. *Femora antica* fortiter sulcata, quatuor posticis fere integris at externo sinuatis. *Tibiae anteriores* dentatae, reliquis inarmatis et elongatis.

Le type de ce genre est une espèce de la Nouvelle-Hollande, que l'auteur ne décrit pas.

1842. Erichson, dans son travail sur la Faune des insectes de la terre de Van-Diémen, introduisit dans la famille des Mélasomes deux genres nouveaux, celui de *Saragus* fondé sur la *Silpha laevicollis* de Fabricius, et celui de *Cestrinus*. Malgré l'autorité du savant entomologiste prussien, la première de ces coupes, d'après la figure du dessus du corps et celle du menton, est visiblement étrangère à la famille des *Pédinites* à laquelle il la rapporte, et doit rester en dehors des limites de nos Parvilabres (¹); la seconde, ou celle de *Cestrinus* indiquée comme devant faire partie des *Opatrides*, a été caractérisée de la sorte (²) :

Antennae distincte 11-articulatae, articulo tertio elongato, 4-10 sensim paulo brevioribus, 7-8 subobconicis, 9-10 subglobosis, ultimo paulo majore, subovato.

Clypeus apice leviter emarginatus.

Labrum transversum, integrum.

Mandibulae breves, validae, intorsum carnosae, apice obtusè bidentatae.

(¹) M. le marquis de Brême (dans son Essai monographique et iconographique de la tribu des Cossyplides, *Paris*, 1846), a compris la *Silpha laevicollis*, Fabr., dans son genre *Helaeus*, sous-genre *Cilibe*. Erichson a probablement reconnu lui-même un peu plus tard avoir fait erreur, en plaçant cet insecte parmi les *Pédinites*, car dans son *Bericht* pour l'année 1842, il ne fait plus mention de son genre *Saragus*.

(²) Beitrag zur Insecten-Fauna von Vandiemensland, *in* Erichson's Archiv für Naturgesch., 8ᵉ année, 1ʳᵉ partie, p. 171 et 172.

Maxillae malis coriaceis, exteriore subovata, interiore trapezoidea, intorsum barbatis, hac spinosula.

Palpi maxillares articulo parvo, 2° elongato, 3° brevi, obconico, 4° securiformi.

Labium mento subquadrato, ligula coriacea, obcordata.

Palpi labiales articulis sensim majoribus, ultimo ovato.

Oculi transversi, medio jam augustati, jam interrupti.

Prosternum postice haud prominens. *Mesosternum* antice prominulum, longitudinaliter impressum.

Scutellum distinctum, triangulare.

Tibiae anticae teretes.

Tarsi omnes simplices, infra pubescentes.

Corpus apterum, habitu *Opatrum* simulans.

Les insectes de cette coupe, ajoutait l'auteur, s'éloignent des Opatres sous plusieurs rapports. Ils n'ont pas d'*ailes*. Les *antennes* sont plus grêles, et n'ont pas l'avant-dernier article transverse. L'*épistome* n'est pas entaillé en forme de triangle. Le *lobe interne des mâchoires* manque de crochet. Les *tibias antérieurs*, au lieu d'être élargis, sont simples comme les postérieurs.

1843. Le même auteur dans son travail sur la faune des insectes d'Angola (¹), introduisit parmi les Mélasomes deux genres nouveaux : celui de *Stizopus* et celui d'*Ammidium*. Le premier, placé par Erichson parmi les *Blapsides*, doit prendre place parmi nos Parvilabres, il a pour principaux caractères :

Antennae breviusculae, subcompressae, apicem versus leviter incrassatae.

Clypeus profunde incisus.

Labrum cordatum.

Mentum apice leviter rotundatum.

Pedes validi, tibiis anterioribus medio, posticis apicem versus dente armatis.

Ce genre, ajoutait Erichson, a de l'analogie avec celui de *Blenosia* LAPORTE ; mais il offre avec celui-ci plusieurs différences. Les *antennes*, à peine plus longues que la tête, ont le 3ᵉ article presque aussi grand que les deux suivants réunis ; les 4ᵉ à 7ᵉ aussi larges que longs ; les 8ᵉ à 10ᵉ pas plus courts, mais de moitié plus larges ; le 11ᵉ, au contraire, un peu plus court,

---

(¹) Beitrag zur Insecten Fauna von Angola, in ERICHSON's, Archiv für Naturgeschichte, 9ᵉ année, 1ʳᵉ partie, p. 245 et 251.

tronqué au sommet. Les *yeux* transverses, rétrécis par le bord de la tête. Le *menton* un peu plus long que large, rétréci à la base, faiblement arrondi au sommet. Les *pieds* forts; les cuisses simples; les tibias peu arqués, un peu comprimés: les *tarses* courts, simples, hérissés en dessous de poils épais.

Le genre *Ammidium*, appartenant aux OPATRIDES, a pour diagnostique :

Antennae 11 articulatae, articulis ultimis 5 crassioribus.

Clypeus apice leviter emarginatus.

Palpi maxillares elongati, articulo ultimo securiformi, *labiales* filiformes.

Scutellum distinctum, triangulare.

Tibiae anticae dilatatae, crenulatae, bidentatae, *posteriores* muricatae.

Ce genre se rapproche de celui d'*Opatrum*, dont il diffère par le faciès, et surtout par la configuration et par l'armure de ses tibias. Le *corps* est très-court, ovoïde, proportionnellement très-convexe, se rapprochant de la forme semi-globuleuse. Les *antennes* un peu plus longues que la tête, grêles, à 3ᵉ article passablement long, les 4ᵉ à 6ᵉ graduellement un peu plus courts, les cinq derniers plus larges que les autres. Les *yeux* situés sur les côtés de la tête, transverses, un peu rétrécis dans leur milieu. Les côtés de la tête (les *joues*) un peu élargis au devant des yeux. Le *prothorax* étroitement appliqué, à sa partie postérieure, contre la base des élytres. Les *ailes* paraissent manquer.

1845. M. Waterhouse, en décrivant les Coléoptères recueillis dans les îles Galapagos, par M. Ch. Darwin (¹), établit le genre *Pedonœces*, qu'il plaçait dans la famille des PÉDINITES, en donnant à celle-ci plus d'étendue que nous lui en assignons.

Voici le diagnostique de cette coupe :

Epistome distinctement échancré.

Labre étroit, transverse.

Mandibules courtes, obtuses, bidentées à l'extrémité, cachées par l'épistome, quand la tête est examinée en dessus.

Menton étroit, ovale, concave extérieurement.

Palpes maxillaires médiocres, à dernier article sécuriforme.

(¹) Descript. of Coleopterous Insects collect. by Ch. Darwin, in the Galapagos Islands *in* the Annals and Magaz. of nat. Hist., t. 16 (1845), p. 32-36.

Palpes labiaux courts, à dernier article enflé.

Tête beaucoup plus étroite que le prothorax, plus large que longue dans sa partie visible, formant au devant des yeux un demi-cercle échancré au milieu de son bord antérieur, sans entaille à la partie postérieure ou latérale de cette sorte de chaperon ; offrant très-développé le bord latéral (les joues) servant à protéger la base des antennes, ce bord prolongé en arrière, de manière à diviser les yeux en deux parties : la supérieure un peu plus large , ronde ou presque ronde: l'inférieure presque égale à la supérieure, également presque ronde.

Antennes médiocres, prolongées jusqu'à la base du prothorax; composées d'articles brièvement obconiques : le deuxième court : le troisième presque aussi long que les deux suivants réunis; les trois derniers épais au moins aussi larges que longs: le dernier arrondi, aussi large que l'avant-dernier.

Prothorax presque carré, mais un peu plus large que long ; échancré en devant, avec les angles antérieurs avancés et presque aigus; indistinctement arqué sur les côtés; un peu plus large en arrière qu'en avant ; distinctement bissinué à la base, avec les angles postérieurs presque droits ou un peu aigüs ; médiocrement convexe en dessus; rayé près des bords latéraux et postérieur, d'une ligne distincte parallèle à ces bords.

Ecusson distinct, triangulaire.

Elytres soudées, oblongues, convexes, arrondies à l'extrémité; à angles huméraux presque droits, mais un peu obtus ; offrant à leur partie antérieure une dépression triangulaire sur laquelle s'appliquent les angles postérieurs du prothorax.

Prosternum un peu resserré, terminé en pointe faiblement prolongée après les hanches des pieds antérieurs.

Abdomen offrant l'avant-dernier segment très-court d'avant en arrière, le dernier semi-circulaire et déprimé ou concave sur son milieu.

Pattes médiocres. *Jambes* étroites, un peu comprimées, mais peu dilatées vers l'extrémité. *Tarses* antérieurs et intermédiaires dilatés chez le ♂, ceux de la paire antérieure surtout ; les deuxième et troisième articles de ceux-ci égalant à peu près en largeur la longueur des quatre premiers articles pris ensemble : les premier et quatrième articles étroits: les deuxième et troisième presque égaux : les trois premiers articles revêtus en dessous d'une sorte de duvet ; *tarses* intermédiaires moins distinctement dilatés : le dernier article de chaque tarse presque égal en longueur aux quatre premiers articles réunis.

Dans l'attente de la dernière livraison des Collaptérides de So-
LIER, personne n'avait, depuis Latreille, essayé de donner une
classification nouvelle des PÉDINITES. M. Waterhouse proposa la
division suivante, d'après les insectes de sa collection.

Genres.

I Aptères. Elytres soudées à la suture
  A Yeux divisés par le bord de la tête.
    α Tibias antérieurs distinctement dilatés à l'extrémité.
      β Antennes courtes, presque moniliformes   *Heliophilus.*
      ββ Antennes à articulations obconiques pour la plupart.
        γ Tibias intermédiaires dilatés à l'extrémité.   *Pedinus.*
        γγ Tibias intermédiaires non dilatés à l'extrémité. *Isocerus*
    αα Tibias antérieurs non dilatés à l'extrémité.   *Pedonœces.*
  AA Yeux entiers ou non divisés par le bord latéral de
      la tête.
    δ Chaperon tronqué ou légèrement arrondi en devant. *Platyscelis.*
    δδ Chaperon échancré en devant.
      ε Antennes sensiblement plus grosses vers l'extrémité. *Eurynotus.*
      εε Antennes à derniers articles oblongs, pas plus
        larges que les autres.   *Dendarus.*
II Ailés. Ailes libres.
    ζ Yeux coupés par le bord latéral de la tête.   *Blapstinus.*
    ζζ Yeux non coupés par le bord latéral de la tête. *Opatrinus.*

Les caractères sur lesquels reposent cette classification, sont
évidemment préférables à ceux qu'avaient employés Latreille et
tous ceux qui ont marché sur ses traces, puisqu'ils s'appliquent
aux deux sexes, au lieu de reposer sur les variations de structure
des tarses du mâle. C'était donc déjà un progrès réel.

M. Waterhouse ajoutait en note :

Le menton de l'*Eurynotus* est distinctement trilobé ; il offre une
partie centrale et principale et deux ailes latérales: ces ailes (ou lobes
latéraux) divergent à partir de la base et se terminent en pointe aigüe
à l'extrémité ; elles sont séparées du lobe médiaire par une profonde
rainure latérale. Chez les grandes espèces de l'Inde que DEJEAN nomme
Platynotus, on observe la même structure du menton ; mais les parties
latérales n'existent pas dans l'*Heliophilus*, ou du moins elles sont extrême-

ment petites et rentrées en dedans, comme je l'ai remarqué dans le menton du *Blaps*. Le genre *Dendarus* paraît ressembler a l'*Heliophilus* sous ce rapport. Les *Platynotus* de Dejean doivent sans aucun doute être rangés près des *Eurynotus*. Dans les deux espèces de *Platynotus* que j'ai sous les yeux et dont l'une paraît être le *Pl. gigas*, je trouve l'écusson à peine visible, tandis qu'il est très-distinct dans l'*Eurynotus*. Ces caractères différents combinés avec ceux du prothorax sinué chez les *Platynotus* et plus large en arrière chez l'*Eurynotus* serviront à faire reconnaître les deux genres. Je puis ajouter que le lobe médiaire du menton est distinctement échancré dans les *Platynotus* et tronqué dans l'*Eurynotus*. La structure des tarses et des antennes est également différente.

1845. M. Louis Redtenbacher en distribuant les genres de la Faune des insectes d'Allemagne d'après une méthode analytique[1], répartit les coupes rentrant dans notre cadre, dans ses familles des Opatres et des Blaps. La première eut pour caractères :

Tarses simples : les postérieurs de quatre articles : les autres de cinq ; terminés par des ongles simples.

Antennes soit grossissant graduellement, soit plus épaisses dans le milieu, soit avec les deux derniers articles plus grands ; insérées sous le rebord de la tête.

Bouche couverte en totalité ou en grande partie par le bord avancé de l'épistome.

Elle comprit les genres *Bolitophagus*, *Microzoum*, *Opatrum*. La seconde eut pour diagnostique :

Tarses simples ; les postérieurs de quatre articles : les autres de cinq ; terminés par des ongles simples.

Ailes nulles.

Elytres en grande partie soudées à la suture.

Elle fut composée des genres *Blaps*, *Laena*, *Platyscelis*, *Pedinus*, *Heliopathes*.

1845. M. Emile Blanchard, dans son Histoire des insectes [2],

[1] Die Gattungen der Deutschen Kaefer-Fauna nach der analytischen Methode bearbeitet. Wien, 1849, in-8.

[2] Histoire des insectes, etc. *Paris* 1845, 2 vol. in-18.

partagea sa tribu des Piméliens en trois familles, celles des Pimé-
lides, Blapsides, et Ténébrionides: chacune d'elles fût subdivisée
en groupes. Nos Parvilabres se rattachent en partie à celui des
Pédinites, le dernier de la famille des Blapsides, et à celui des
Opatrites, le premier de la famille des Ténébrionides.

Les *Pédinites* eurent pour caractères :

Menton petit, laissant la base des mâchoires à découvert. *Bord antérieur de la tête* échancré.

Ils comprirent les genres suivants dont quelques-uns sont
étrangers au cadre de notre travail.

1. *Antennes* presque filiformes. *Jambes antérieures*
élargies et comprimées. *Corps* convexe. — Isocère. Latr.

2. *Antennes* ayant leurs trois derniers articles un
peu plus longs et plus arrondis que les précé-
dents. *Pattes* simples. *Corselet* très-large. — Eurynote. Kirby.

3. *Antennes* un peu épaisses vers le bout, à derniers
articles très-courts. *Pattes* simples. *Corps*
épais. *Corselet* très-large, rebordé. — Platynote. Fabr.

4. *Antennes* grêles, à derniers articles globuleux,
Jambes antérieures prolongées en dent obtuse
extérieurement. *Corps* ovale, convexe. — Platyscélis. Latr.

5. *Antennes* très-grêles, épaisses vers l'extrémité,
avec les derniers articles globuleux. *Jambes
antérieures* élargies, prolongées en dent extérieurement. — Oncote *. Dej.

6. *Antennes* courtes, avec les cinq derniers articles
larges et comprimés. *Jambes* très-élargies et
crénelées. — Blacodes *. Dej.

7. *Antennes* ayant les cinq derniers articles larges et
comprimés. *Jambes* peu élargies, non crénelées.
Corps ovale. — Cædius *. Dej.

8. *Antennes* grêles, presque filiformes. *Jambes* peu
élargies. *Cuisses* renflées. *Corselet* plan, plus
large que les élytres. — Pédine. Latr.

9. *Antennes* très-moniliformes. *Jambes antérieures*
très-élargies à l'extrémité. *Corselet* large. — Héliophile. Latr.

10. *Antennes* très-moniliformes, nullement épaisses
     vers le bout. *Jambes antérieures* à peine élargies,
     un peu courbées. *Corps* oblong.   *Dendare.* LATR.

11. *Antennes* à derniers articles globuleux. *Jambes* un
     peu élargies. *Corps* plan, parallèle.   *Phylax.* DEJ.

12. *Antennes* très-grenues, avec le dernier article le
     plus gros de tous. *Jambes* grêles. *Corselet*
     échancré en avant, à bords un peu relevés.   *Eulabis.* ESCHSCH.

13. *Antennes* épaissies graduellement vers le bout,
     avec les derniers articles globuleux. *Corselet*
     presque carré. *Tarses antérieurs* des mâles di-
     latés.   *Blapstine.* LATR.

14. *Antennes* très-moniliformes, à peine épaissies vers
     le bout. *Jambes antérieures* grêles, munies
     d'une dent extérieurement avant leur extré-
     mité. *Corps* long, épais.   *Pachyptère**.SOL.

Les *Opatrites* caractérisés par des *Antennes* à peine élargies
vers l'extrémité, furent répartis dans les genres suivants :

                                                         Genres.

1. *Antennes* un peu épaissies graduellement vers
    l'extrémité. *Jambes* simples. *Corps* plan. *Cor-
    selet* large, un peu rebordé.   *Opatrinus.* LATR.

2. *Antennes* grêles, à articles un peu coniques. *Corps*
    un peu convexe.   *Crypticus.* LATR.

3. *Antennes* un peu épaisses graduellement vers l'ex-
    trémité. *Corps* large, ovalaire. *Jambes anté-
    rieures* élargies à l'extrémité.   *Epilasium**.DEJ.

4. *Antennes* courtes, à articles très-grenus. *Corps*
    plan. *Jambes antérieures* grêles. (*Sclerum* DEJ.) *Opatre.* FABR.

5. *Antennes* terminées en massue, les trois derniers
    articles étant larges et épais. *Jambes antérieures*
    fortement dentées.   *Leichenum**.DEJ.

6. *Antennes* fortement épaissies à partir du sixième
    article. *Jambes antérieures* extrêmement larges,
    ayant une grande dent au côté externe.   *Microzoum**.DEJ.

1846. M. V. de Motschoulsky comprit nos Parvilabres dans

sa famille des MELASOMATA [1] paraissant avoir le même développement que celle des MÉLASOMES, dans le *Catalogue Dejean*.

1849 Dans sa Faune d'Autriche [2], M. L. Redtenbacher réunit les *Heliopathes* à son groupe des Opatres.

1849. M. Gaubil suivit cet exemple dans son Catalogue [3], et donna le nom de *Dendarus* aux *Heliopathes* de Dejean , en conservant celui de *Pandarus* aux insectes ainsi désignés par Megerle.

1851. Enfin M. John Leconte, en publiant la description des nouvelles espèces de Coléoptères de la Californie, a établi deux nouvelles coupes, qu'il rapporte aux *Opatrides*. Pour faciliter l'arrangement des genres qu'il introduit dans cette famille, l'auteur ajoute aux caractères connus de celle-ci, le diagnostique suivant [4]:

Clypeus productus, antice vel emarginatus, vel rotundatus. *Tibiae anticae* compressæ. *Mentum* parvum. *Coxae posticae* approximatæ, haud prominulæ. *Parapleurae* appendiculatæ. *Abdomen* articulis haud emarginatis. *Tarsi* subtus pubescentes.

Voici maintenant ces deux genres avec leurs caractères :

Notibius.

Oculi divisi.
Clypeus antice acute emarginatus.
Palpi dilatati.
Antennae moniliformes, extus crassiores, articulo tertio longiore.
Mentum latitudine longius, apice emarginatum, planum.
Tibiae anticæ valde dilatatæ.
Mares tibiis anticis supra medium intus angulatis, gaudent: *tarsis* vix dilatatis.

---

[1] Die coleopterologischen Verhaeltnisse. *Moscou*, 1846 in-8. p. 113.
[2] Fauna austriaca (die Kaefer). *Wien*, 1849 in-8.
[3] Catalogue synonymique des Coléopt. d'Europe et d'Algérie.— *Paris*, Maison, 1849 in-8.
[4] Descriptions of New Species of COLEOPTERA, from California. *In* Annals of the Lyceum of natural History of New-York t. 5. septembre 1851, nᵒ 4 p. 144-147.

Couibus.

Oculi divisi.

Clypeus apice emarginatus.

Palpi dilatati.

Antennae crassæ, articulo tertio vix longiore.

Mentum minutum quadratum, apice vix latius.

Tibiae anticae modice dilatatæ. *Mares* tarsis anterioribus paulo dilatatis.

Telle est l'histoire de l'établissement successif des coupes génériques dans lesquelles se trouvent aujourd'hui répartis les insectes objets de ce travail, et celle des variations qu'a subies leur distribution dans les divers ouvrages de classification.

Lorsqu'on étudie les derniers MÉLASOMES, en donnant à ce groupe à peu près l'étendue qu'il a dans la dernière édition du catalogue de feu le comte Dejean, on ne tarde pas à reconnaître combien est équivoque ou peu naturel le caractère tiré de l'absence ou de la présence des ailes; car souvent chez des individus de la même espèce, chez divers *Opatrides* par exemple, ces organes sont tantôt très-développés, tantôt réduits à un état assez rudimentaire pour être complètement inutiles pour le vol. Prendre ce caractère pour base de la division de ces Hétéromères, c'est éloigner les uns des autres des Coléoptères rapprochés par les mœurs, les habitudes et par leurs formes générales; c'est méconnaître la marche ordinaire de la nature, qui, après s'être avancée plus ou moins loin, semble revenir en arrière pour continuer, par une voie latérale, ses essais progressifs.

Les insectes dont il va être ici question se lient d'une manière évidente aux COLLAPTÉRIDES déjà décrits par SOLIER; ils pourraient constituer trois ou quatre tribus rentrant dans cette famille, ou dans celle un peu plus étendue des MÉLASOMES de Dejean; soit qu'on les rapporte à l'une ou à l'autre de ces divisions, soit qu'on veuille les comprendre dans la famille plus considérable des TÉNÉBRIONITES d'Erichson, la forme de leur tête, leurs joues débordant sur les côtés les organes de la vision, leur épistome échancré dans le milieu de son bord antérieur et couvrant la base des mandibules, et divers autres caractères, leur donnent un air de famille difficile à méconnaître. Nous en composerons donc sous le nom de PARVILABRES (¹) une famille ou une coupe particulière, intermédiaire entre les *Blapsites* de Solier et les vrais *Ténébrionites* de Latreille; les caractères suivants feront connaître les limites et l'étendue de ce groupe.

FAMILLE

DES

PARVILABRES (²).

CARACTÈRES. *Menton* petit ou médiocre, laissant complètement à découvert la base des mâchoires; à peine aussi large ou à peine plus large à sa base que la sinuosité dans laquelle apparaît la base d'une mâchoire (³). *Tête* plus large que longue; offrant, vers un

---

(¹) En raison de la petitesse du labre, soit réelle soit apparente de l'épistome.

(²) Nous donnerons dans cet Essai, aux mots de *Famille* et de *Tribu* l'idée qu'ils ont dans le travail de Solier, pour le faire concorder avec son plan.

(³) Le menton est formé chez les PÉDINITES et chez les premiers insectes de la tribu suivante, de trois parties longitudinales : la médiaire plus saillante et plus visible, au moins aussi longue que large, rétrécie en devant, soit depuis la base, soit seulement depuis la moitié, souvent entaillée à son bord antérieur, séparée par une rainure ou par un sillon, de chacune des ailes ou parties latérales; celles-ci élargies d'arrière en avant, fortement entaillées chacune à leur bord antérieur, avec les angles antéro-externes en forme de dent; ces parties moins apparentes, souvent plus ou moins rétrécies ou comme repliées sous la médiaire. Chez les insectes des tribus suivantes, ces parties latérales apparaissent encore chez une partie des *Eurynotaires* et deviennent cachées, ou peu distinctes chez les autres, et la partie médiaire affecte ordinairement la forme d'un ovale tronqué. Chez les *Opatrides*, la figure du menton varie selon les genres.

point un peu variable des joues , souvent vers la partie antéro-
externe de celles-ci, sa plus grande largeur; notablement rétrécie en
devant, au moins à partir du point d'union des joues avec l'épistome ; souvent presque en forme d'hexagone transverse ; plus ou
moins enfoncée dans le prothorax. *Epistome* en général fortement
échancré ou entaillé au milieu de son bord antérieur, et cachant
alors les mandibules et une grande partie des côtés du labre ;
quelquefois cependant simplement échancré en arc, et laissant à
découvert une grande partie du labre et des mandibules chez les
premiers Pédinites [1], ayant le dernier article des palpes maxillaires fortement élargi en triangle à côtés un peu curvilignes, avec la
base du prothorax bissinuée et les angles postérieurs prolongés en
arrière [2]. *Yeux* transverses quand ils ne sont pas coupés, au moins
en partie, par les joues ; ne débordant jamais celles-ci [3]. *Palpes
maxillaires* à dernier article généralement sécuriforme ou obtriangulaire. *Antennes* grossissant plus ou moins vers l'extrémité.
Repli des élytres prolongé jusqu'à l'angle sutural chez les insectes des premières tribus ; presque toujours raccourci postérieurement chez ceux de la dernière. Partie *antéro-médiaire du premier arceau ventral* tronquée et plus large que le bord postérieur
du mésosternum chez les premières tribus, souvent en ogive ou
en pointe chez les *Opatrides* et même chez divers *Blapstinites*.
Prosternum généralement plus large entre les hanches , rétréci
ensuite , et prolongé après le bord de l'arceau.

---

[1] Ces insectes se distinguent des tribus précédentes de Collaptérides par
la forme de leur menton.

[2] Ces caractères distinguent ces Parvilabres des espèces de quelques autres genres, ayant aussi l'épistome échancré en arc sur toute la
largeur, mais dont la tête est d'ailleurs peu rétrécie en devant.

[3] Ce caractère éloigne des Parvilabres les insectes du genre *Oncotus*
(Dejean) dont l'épistome, d'ailleurs peu échancré , laisse les mandibules
à découvert. Quelques genres en partie inédits semblent devoir constituer
une petite tribu intermédiaire entre celle des *Blapsites* et la famille des
Parvilabres.

Nous les diviserons en quatre tribus.

Tribus.

Repli des Élytres — *prolongé jusqu'à l'angle sutural.*

Partie médiaire du menton toujours chargée soit d'une carène longitudinale médiaire prolongée ou à peu près jusqu'au bord antérieur, soit d'un rebord ou d'une ligne latérale saillante, soit de l'une et des autres; parties latérales, généralement apparentes et profondément entaillées en devant entre la partie médiaire et leur angle antérieur qui est en forme de dent. Élytres à 9 stries. Partie antéro-médiaire du premier arceau ventral toujours plus large que la partie postérieure du mésosternum.

PÉDINITES.

Partie médiaire du menton chargée d'une carène médiaire plus ou moins avancée chez quelques espèces ayant dix stries aux élytres, ordinairement relevée seulement sur le milieu de sa moitié basilaire, quelquefois presque plane.

Repli des élytres et partie de l'intervalle voisin, visibles, quand l'insecte est examiné en dessous. Partie antéro-médiaire du premier arceau ventral toujours tronquée et plus large que le bord antérieur du métasternum. Postépisternums plus ou moins élargis vers leur milieu, au moins chez les espèces ayant les yeux entièrement coupés par les joues. Elytres parfois à 10 stries.

PANDARITES.

Repli des élytres, seule partie de celles-ci visible, quand l'insecte est examiné en dessous. Partie antéro-médiaire du premier arceau ventral souvent en pointe, ou moins large que le bord antérieur du métasternum. Postépisternums parallèles ou à peine élargis postérieurement. Elytres à 9 stries.

BLAPSTINITES.

généralement non prolongé jusqu'à l'angle sutural; quelquefois cependant entier chez quelques insectes offrant la partie antéro-médiaire du premier arceau ventral en pointe ou en ogive, et les yeux en partie seulement coupés par un canthus large et ordinairement obliquement tronqué en arrière pour s'appliquer contre le bord antérieur du prothorax.

OPATRITES.

PREMIÈRE TRIBU.

—

PÉDINITES.

Caractères. *Menton* offrant sa partie médiaire toujours chargée soit d'une carène longitudinale médiaire prolongée ou à peu près jusqu'au bord antérieur, soit d'un rebord ou d'une ligne latérale saillante, d'une carène et d'un rebord ; à parties latérales généralement apparentes et profondément entaillées en devant entre la partie médiaire et leur angle antéro-externe qui est en forme de dent.

Languette saillante.

Palpes labiaux à dernier article ovalaire, habituellement tronqué.

Mâchoires insérées à découvert, dans une sinuosité du bord postérieur de l'échancrure progéniale : cette sinuosité plus prolongée en arrière que la base du menton ; à deux lobes : l'interne, muni d'un crochet corné (au moins chez les insectes que nous avons pu disséquer), peu avancé ou en partie caché par les cils, souvent peu distinct.

Palpes maxillaires à dernier article plus ou moins sensiblement comprimé, obtriangulaire, avec les côtés légèrement courbés, plus large à son extrémité qui est tronquée, que long sur les côtés.

Mandibules robustes ; courtes, le plus souvent en majeure partie cachées ; entaillées à leur extrémité.

Labre assez petit ; plus ou moins échancré.

Epistome fortement échancré ou entaillé, pour l'ordinaire, et voilant alors une partie notable du labre et la majeure partie des mandibules ; échancré seulement en arc sur toute sa largeur, chez la plupart des insectes des deux premiers genres ; mais alors menton plus large que long et manifestement entaillé

près de ses angles antérieurs, et prothorax fortement bissinué
à la base.

Antennes insérées sous la saillie des joues ; assez épaisses ;
en général moins longuement prolongées que les angles du prothorax, rarement aussi longuement ou un peu plus longuement
prolongées ; grossissant plus ou moins sensiblement vers l'extrémité ; de onze articles : le deuxième petit, court : le troisième
de moitié environ plus grand que le quatrième : le cinquième
plus court que le quatrième : les troisième à' sixième plus ou
moins obconiques : les quatre ou trois derniers généralement
moniliformes : le dernier plus grand que le précédent.

Yeux peu ou pas saillants ; soit entiers, soit coupés par les
joues ; transverses ou plus larges que longs, dans leur partie
visible sur le dessus de la tête.

Tête enfoncée dans le prothorax, souvent jusque près des
yeux ; offrant sa plus grande largeur vers la moitié ou les deux
tiers des joues, qui se rétrécissent ensuite graduellement jusqu'aux
yeux ; généralement plus large que longue.

Prothorax échancré en devant, avec les angles antérieurs plus
ou moins avancés en forme de dent ; n'offrant pas à la partie
antérieure de ses côtés une ligne continue avec les joues ; rebordé
latéralement ; à angles postérieurs prononcés ou dirigés en
arrière ; toujours appuyé par sa base contre celle des élytres ;
ponctué chez plusieurs d'une manière réticuleuse, c'est-à-dire
marqué de points soit en losange, soit plus ou moins allongés,
séparés par des intervalles étroits, saillants et constituant ainsi
une sorte de réseau.

Ecusson ordinairement plus large que long ; quelquefois en
demi-hexagone ou en triangle dirigé en arrière et à côtés anguleux ; parfois non distinct.

Elytres aussi larges ou à peine plus larges en devant que le
prothorax ; tantôt obliquement coupées aux épaules, pour laisser
place aux angles postérieurs du prothorax prolongés en arrière

en forme de dent, tantôt avec l'angle huméral presque droit ou du moins très-prononcé, et souvent uniquement constitué par le bord supérieur du repli, qui parfois forme aux épaules une sorte de fossette pour recevoir la pointe des angles postérieurs du pro-thorax ; rétrécies soit à partir des deux derniers cinquièmes, soit un peu avant ou après ceux-ci, d'une manière en général plus ou moins sensiblement sinuée entre ce point et l'extrémité qui est arrondie ou obtusément arrondie ; peu ou médiocrement convexes ; à neuf stries ; embrassant les côtés de l'abdomen, soit avec leur repli seul, soit en outre avec le dernier intervalle ou même avec une partie de l'avant-dernier. *Repli* prolongé jusqu'à l'angle sutural, le plus souvent creusé d'une fossette près du quatrième arceau ventral.

Dessous du corps parfois lisse sur les côtés de l'antépectus, d'autres fois marqué de gros points, soit d'une manière presque réticuleuse, soit unis en sillons ponctués ; creusé chez d'autres de rides ou de sillons longitudinaux ; souvent ponctué ou marqué de rides ponctuées sur le ventre.

Prosternum aussi saillant que les hanches antérieures qu'il sépare largement, offrant après le milieu de leur côté interne sa plus grande largeur, plus ou moins prolongé en arrière en se rétrécissant ; ordinairement creusé de raies ou de sillons.

Mésosternum creusé d'un large sillon graduellement rétréci d'avant en arrière et relevé en rebord sur les côtés.

Postépisternums parfois parallèles, souvent un peu dilatés vers le milieu ou vers les deux cinquièmes.

Ventre de cinq arceaux : le premier offrant sa partie antéro-médiaire notablement plus large que le mésosternum, tronquée parfois un peu obtusément en devant, et souvent plus ou moins sensiblement recourbée en dehors vers les angles antérieurs pour embrasser un peu le côté antéro-interne des hanches posté-rieures, à peu près aussi longue que la partie postérieure de ce premier arceau : les trois premiers presque soudés, ou plus visiblement unis que les troisième et quatrième, et quatrième et cinquième : le quatrième plus petit ou moins développé que les autres dans le sens de la longueur.

Pieds médiocres ; quelquefois assez robustes, d'autres fois plus faibles. *Hanches* antérieures au moins, globuleuses. *Cuisses* et *tibias* variables selon les espèces ou suivant les sexes. *Tarses* généralement garnis en dessus d'un duvet roussâtre ou fauve, serré en forme de drap chez le ♂ : les antérieurs offrant chez ce dernier sexe les deuxième et troisième articles, souvent en outre le troisième et peu distinctement le quatrième dilatés et souvent ciliés : les mêmes articles parfois plus larges chez la ♀ que ceux des tarses suivants. *Ongles* simples ; assez robustes.

Corps généralement oblong ou suballongé ; jamais très-convexe ; toujours noir ou obscur.

Branches.

Yeux

non coupés par les joues.

   Repli des élytres généralement la seule partie de celles-ci visible, au moins sur la moitié antérieure, quand l'insecte est examiné en dessous.

Repli et dernier intervalle au moins des stries des élytres toujours visibles quand l'insecte est examiné en dessous. Prothorax bissinué à son bord postérieur. Élytres obliquement coupées sur la moitié externe de leur base.   PLATYNOTAIRES.

Pattes grêles. Jambes antérieures à peine élargies, peu ou point planes en dessous. Prothorax bissinué à la base. Repli toujours la seule partie des élytres visible en dessous.   OPATRINAIRES.

Pattes fortes. Jambes antérieures de formes variables chez les ♂, plus ou moins élargies de la base à l'extrémité ; planes et râpeuses en dessous au moins chez la ♀. Partie de l'intervalle voisin du repli parfois visible en dessous dans la seconde moitié. Élytres non obliquement coupées sur la moitié externe de leur base.   TRIGONOPAIRES.

coupés par les joues. . . . . PÉDINAIRES.

PREMIÈRE BRANCHE.

PLATYNOTAIRES.

CARACTÈRES. *Yeux* non coupés par les joues. *Prothorax* à deux sinuosités basilaires, avec les angles dirigés en arrière. *Elytres* obliquement coupées sur la moitié externe de leur base. *Repli* et dernier intervalle au moins des stries des étuis, visibles quand l'insecte est examiné en dessous. *Pattes* assez grêles. *Tibias antérieurs* peu ou point élargis à l'extrémité.

A ces caractères généraux on peut ajouter :

Menton chargé de deux arêtes ou lignes saillantes, formant chacune le rebord et la limite de la partie médiaire, naissant à la base ou près de celle-ci, et dirigées en droite ligne d'une manière convergente en devant ; souvent chargé d'une arête longitudinale médiaire, soit avec les deux juxta-médiaires précitées, soit en n'offrant celles-ci que d'une manière plus ou moins affaiblie ; assez visiblement entaillé à la partie antérieure de sa partie médiaire, et plus visiblement entre celle-ci et les angles de devant qui, par là, sont en forme de dent. *Pièce prébasilaire* souvent déprimée ou moins élevée que les parties qui l'enserrent, ordinairement moins avancée ou à peine aussi avancée que celles-ci. *Antennes* moins longuement prolongées que les angles postérieurs du prothorax ; grossissant sensiblement à partir du septième article : les septième à dixième plus larges que longs, soit moniliformes, soit en partie au moins obconiques ; le onzième ou dernier obliquement coupé à son extrémité graduellement avancée en forme de dent ou de pointe à sa partie antéro-interne. *Epistome* souvent échancré en arc assez faible. *Elytres* à neuf stries, ou sillons, ou rangées striales de points (y compris la rangée qui joint le repli). *Côtés de l'antépectus* lisses ou à peine ridés superficiellement près des hanches.

Ils se répartissent dans les genres suivants :   GENRES.

Menton — chargé d'une carène médiaire.

> non chargé d'une carène médiaire. Ecusson généralement peu distinct.   *Platynotus.*
>
> Partie médiaire du menton relevée en rebord sur les côtés; intervalles alternes des stries des élytres non en forme de tranches.   *Notocorax.*
>
> Partie médiaire du menton non relevée en rebord; intervalles alternes des stries des élytres saillants en forme de tranches.   *Eucolus.*

Genre *Platynotus*, PLATYNOTE ; Fabricius ([1]).

(Πλατύνωτος, qui a un large dos).

CARACTÈRES. *Menton* offrant deux carènes juxta médiaires convergeant d'arrière en avant ; sans carène longitudinale médiaire. *Ecusson* peu ou point distinct.

A ces caractères principaux se joignent les suivants, au moins pour les espèces ci-après décrites.

Prothorax assez fortement arqué sur les côtés, et plus ou moins sinué près des angles postérieurs; muni latéralement d'un rebord, convexe, épais surtout en approchant des angles postérieurs ; fortement bissinué à la base, avec les trois cinquièmes médiaires de celle-ci arqués et presque aussi fortement prolongés en arrière que les angles ; muni d'un rebord basilaire étroit et ordinairement non interrompu. *Elytres* convexement et fortement déclives en dessus à leur partie postérieure. *Bord supérieur du repli* constituant seul l'angle huméral, invisible en dessus à partir de cet angle ou un peu après, jusque près de l'extrémité. *Postépisternums* plus ou moins sensiblement arqués à leur côté interne. *Cuisses postérieures* prolongées environ jusqu'au bord postérieur du troisième arceau.

Les ♂ qu'il nous a été donné d'observer nous ont offert le

([1]) FABR, Syst. Eleuth. (1801) t. j. p. 138.

corps un peu moins large ; les tibias simples ; les cuisses postérieures ordinairement un peu plus longues ; les trois ou presque
les quatre premiers articles des tarses antérieurs dilatés ; le troisième et surtout le deuxième plus fortement que le premier, et
celui-ci moins étroit que le quatrième. Chez les ♀, les mêmes
articles sont peu ou point dilatés.

Toutes les espèces ci-après décrites proviennent des Indes
orientales. Le tableau suivant facilitera leur détermination spécifique.

α. Prosternum creusé de deux sillons divisant sa surface en trois côtes
longitudinales : la médiane plus longuement prolongée que les
latérales et non enclose par celles-ci.

β. Elytres à stries profondes, marquées de points petits
et nombreux (plus de 50 sur la quatrième strie).   *crenatus.*

ββ. Elytres à stries marquées de points fossettes (24
environ sur la quatrième strie (¹).   *sternalis.*

αα. Prosternum chargé de trois côtes longitudinales dont
les deux latérales enclosent postérieurement celle du
milieu.

γ. Elytres à intervalles convexes, peu ou point distinctement pointillées.   *excavatus.*

γγ. Elytres à intervalles plans , visiblement pointillés.

δ. Points des rangées striales des élytres d'un diamètre plus gros que la moitié des intervalles.   *perforatus.*

δδ. Points des rangées striales des élytres d'un diamètre moins gros que la moitié des intervalles.

ε. Prothorax non marqué d'une dépression transverse ou d'un sillon au devant des trois cinquièmes médiaires de la base.   *punctatipennis.*

εε. Prothorax marqué, au devant des trois cinquièmes médiaires de la base, d'une dépression
ou d'un sillon transverse.   *Deyrollii.*

(¹) Le nombre de ces points, quoique plus ou moins variable chez les individus de la
même espèce, fournit des indications souvent très-utiles, lorsque chez les espèces voisines
les points des stries sont d'un chiffre très-différent.

1. **P. striatus**, Fabricius.

*Oblong ; médiocrement convexe ; noir. Elytres à stries profondes
et ponctuées (plus de 50 points sur la quatrième strie) ; intervalles
subconvexes près de la suture, plus convexes à partir du tiers de la largeur. Prosternum à trois côtes : la médiaire non enclose postérieurement par les latérales.*

Blaps striata, Fabr. Spec. ins. t. 1. (1781). p. 322. 5. — *Id.* Mant. t. 1.
(1787). p. 210. 5. — *Id.* Ent. Syst. t. 1. p. 108. 8. — Oliv. Encyclop.
méth. t. 4. (1789). p. 308. 5. — *Id.* Entom. t. 3. (1795). n° 60. p. 7. 3.
pl. 1. fig. 3. (suivant l'exemplaire typique conservé dans la collection de
M. Chevrolat). — Herbst, Naturs. t. 8. (1799). page 186. 4. pl. 1. fig. 3.
(reproduction de la figure d'Olivier). — Schoenh. Syn. ins. t. 1. (1806).
p. 145. 12.

Pimelia (Blaps) striata, Gmel. C. Linn. Syst. Nat. t. 1. (1788). p. 2001. 5.

Platynotus crenatus, Fabr. Syst. Eleuth. t. 1. (1801). p. 139. 3. (suivant
l'exemplaire typique conservé au muséum de Copenhague). — Schoenh.
Syn. ins. t. 1. p. 142. 3.

Platynotus gigas, Dej. catal. (1837). p. 211.

Long. 0^m,0202 à 0^m,0262 (9 à 13 l.) Larg. 0^m,0100 à 0^m,0157 (4 1/2 à 7 l.)

Corps oblong ; médiocrement ou assez médiocrement convexe ;
noir, mat sur la tête et sur le prothorax, un peu luisant sur les
élytres. *Tête* et *Prothorax* finement ponctués. *Elytres* à stries
profondes ; ponctuées dans le fond par des points qui crénèlent
peu les intervalles (près de 60 sur la quatrième strie) : la
troisième ordinairement liée postérieurement à la huitième, en
enclosant les quatrième à septième : les quatrième et cinquième,
sixième et septième, habituellement liées par paire. *Intervalles*
finement pointillés : les voisins de la suture subconvexes : les
autres graduellement convexes, et rendant par leur convexité les
stries plus profondes : le troisième postérieurement lié au neuvième et formant, après le point de leur réunion, une carène
assez faible, oblique, dirigée vers l'angle sutural. *Dessous du
corps* imponctué sur les côtés de l'antépectus, assez finement

ponctué sur les autres parties pectorales, ruguleux sur le ventre. *Prosternum* creusé de trois sillons divisant sa surface en trois côtes longitudinales : la médiane plus longuement prolongée que les latérales, non enclose postérieurement par celles-ci.

PATRIE : les Indes orientales. (Muséum de Copenhague, Muséum de Paris); (Collect. Chevrolat, Deyrolle).

Obs. Fabricius, après avoir décrit cet insecte d'après un exemplaire de la collection de Banks, et l'avoir inscrit sous le nom de *Blaps striata* dans ses premiers ouvrages, le décrivit de nouveau dans la collection de Lund, et le publia sous le nom de *Platynotus crenatus*, dans son *Systema Eleutheratorum*, où il ne parle plus de son *Blaps striata*. Mais suivant le dessin et les détails que nous devons à l'obligeance de M. Westwood, les *Blaps striata* et *Platynotus crenatus* de Fabricius sont identiques.

2. P. sternalis.

Oblong ; médiocrement convexe ; noir. Elytres à stries profondes et marquées de points fossettes (24 environ sur la quatrième strie). Intervalles subconvexes près de la suture, graduellement plus convexes à partir du cinquième de la largeur. Prosternum à trois côtes : la médiaire non enclose postérieurement par les latérales.

Long. 0m,0247 (11 l.) Plus grande largeur des élytres 0m,0123 (5 1/2 l.)

Corps oblong ; médiocrement ou assez médiocrement convexe ; noir, mat. *Tête* et *prothorax* superficiellement pointillés. *Elytres* offrant à la base une petite dent dirigée en dehors formée par l'angle supérieur du repli ; à stries profondes ; marquées dans le fond de points fossettes qui crénèlent sensiblement les intervalles (environ 24 sur la quatrième strie) : la troisième liée postérieurement à la huitième en enclosant les quatrième à septième : la quatrième ordinairement liée à la septième : la cinquième à la sixième. *Intervalles* obsolètement pointillés ; les voisins de la suture peu ou médiocrement convexes : les cinquième et suivants graduellement plus convexes et rendant par leur convexité les strics plus profondes : le deuxième offrant postérieurement une carène oblique dirigée vers l'angle sutural : le troisième lié au neuvième. *Dessous du corps* imponctué sur les côtés de l'anté-pectus, assez finement ponctué sur les autres parties pectorales ; ruguleux sur le ventre. *Prosternum* creusé de trois sillons divisant sa surface en trois côtes longitudinales : la médiaire plus longuement prolongée que les autres, non enclose postérieurement par celles-ci.

PATRIE : les Indes orientales. (Muséum de Paris).

Obs. Cette espèce se distingue du *P. crenatus* par les points plus gros et moins nombreux des stries de ses élytres, et de toutes les espèces suivantes, par son prosternum n'offrant pas la côte médiaire enclose à l'extrémité par les latérales.

3. **P. excavatus**, FABRICIUS.

Oblong ; médiocrement convexe ; noir. Elytres à stries assez faibles ou médiocres, creusées de points fossettes plus profonds, ovalaires ou en ovale oblong, en partie presque liés longitudinalement (12 environ sur la quatrième strie). Intervalles lisses, plus convexes en s'éloignant de la suture.

Blaps excavata, FABR. Syst. Entom. (1775). p. 254. 4.— *Id*. Spec. ins. t. 1. p. 322. 4. — *Id*. Mant. ins. t. 1. p. 210. 4. — *Id*. Eut. Syst. t. 1. p. 107. 4. — OLIV. Ency. méth. t. 4. (1789) p. 308 4. — *Id*. Entom. t. 3. (1795). nᵒ 60. p. 7. 4. pl. 1. fig. 4.

Helops maurus, FABR. Spec. t. 1. (1781). p. 325, 5. — *Id*. Mant. ins. t. 1. p. 214. 9. — *Id*. Ent. syst. t. 1. p. 120. 15.

Pimelia (Blaps) excavata, GMEL. C. LINN. Syst. Nat. t. 1. (1788). p. 2001. 4.

Pimelia (Helops) maura GMEL. C. LINN. Syst. Nat. t. 1. (1788). p. 2010. 69.

Tenebrio ingens, HERBST Naturs. t. 7 (1797). p. 249. 9. pl. 111. fig. 9.

Platynotus excavatus, FABR. Syst. Eleuth. t. 1. (1801). p. 138. 2. (suivant l'exemplaire typique existant au muséum de Copenhague). — ILLIG. Mag. t. 1. (1802). p. 339. — SCHOENH. Syn. ins. t. 1. (1806). p. 141. 1.

Long. 0ᵐ,0225 (10 l.) Larg. 0ᵐ,100 (4 1/2 l.)

Corps oblong ; médiocrement convexe ; noir ; mat sur la tête et sur le prothorax, assez luisant sur les élytres. *Tête* et *Prothorax* finement ponctués : celui-ci muni à sa base d'un rebord aussi épais et aussi saillant que le latéral vers le huitième de sa longueur ; (il est tel du moins sur l'exemplaire typique). *Elytres* assez faiblement ou médiocrement convexes ; à stries médiocres ou assez faibles, marquées de points plus profonds, très-gros, en forme de fossettes ovalaires ou en ovale oblong, en partie presque liés les uns aux autres longitudinalement, ou séparés par un espace plus petit que le tiers ou la moitié de leur longueur (environ 12 de ces fossettes sur la quatrième strie). *Intervalles* lisses ou peu distinctement pointillés ; graduellement plus convexes à partir de la suture : le troisième, postérieurement uni au neuvième, en enclosant les quatrième à huitième, non prolongé ensuite, après cette réunion, en carène oblique jusqu'à l'angle sutural : le sixième ordinairement plus court. *Prosternum* chargé de trois côtes longitudinales dont les deux latérales enclosent postérieurement la médiaire.

PATRIE : Tanquebar. (Muséum de Copenhague, *type*); muséum de Paris.)

Obs. Chez ces exemplaires, les septième et huitième rangées de points-fossettes commencent au même niveau, et le huitième intervalle, ou celui qui sépare ces deux rangées, est marqué, sur l'espèce de tranche obtuse qu'il forme, d'un point un peu plus antérieur que le premier de ces rangées.

4. P. perforatus.

Oblong ; assez faiblement convexe ; noir, un peu métallique sur les élytres. Celles-ci, à stries presque nulles ou réduites à des rangées striales de points en général arrondis, et d'un diamètre plus grand que la moitié de celui des intervalles (18 environ sur la quatrième rangée). Intervalles visiblement pointillés.

Platynotus perforatus, DEJ. catal. (1837). p. 211, suivant M. Deyrolle.

Long. 0^m,0214 à 0^m,0225 (9 1/2 à 10 l.) Larg. 0^m,0100 à 0^m,0112 (4 1/2 à 5 l.)

Corps oblong ; assez faiblement convexe ; noir, mat sur la tête et sur le prothorax, faiblement luisant et un peu métallique sur les élytres. *Tête* et *prothorax* finement ponctués : celui-ci muni à la base d'un rebord sensiblement plus écrasé que le rebord latéral vers le huitième antérieur de sa longueur. *Elytres* faiblement convexes ; visiblement marquées de points petits, peu ou médiocrement épais ; à stries souvent, au moins en partie, faibles ou nulles et réduites à des rangées striales de points un peu inégalement gros, arrondis en général et d'un diamètre égal à environ les trois quarts de celui des intervalles médiaires : ces points, plus petits près de la suture, plus gros vers le côté externe, souvent séparés longitudinalement les uns des autres par un espace aussi grand que leur diamètre, quelquefois beaucoup plus rapprochés (environ 18 de ces points sur la quatrième rangée). *Intervalles* plans ou à peu près : le deuxième, souvent chargé postérieurement d'une faible carène oblique dirigée vers l'angle sutural, mais non avancée jusqu'au point de réunion des troisième et neuvième.

Patrie : les Indes orientales. (Collect. Chevrolat, Deyrolle).

Obs. Le *P. perforatus* se distingue du *P. excavatus* par ses élytres moins visiblement striées, à points-fossettes moins gros, arrondis et non ovales ou en ovale oblong ; par ses intervalles plans et visiblement ponctués. Le point antérieur de la cinquième rangée est ordinairement contigu à la base : celui de la septième rangée est plus antérieur que celui de la huitième : le huitième intervalle est parfois relevé longitudinalement près de la huitième rangée.

5. P. punctatipennis.

Oblong ; faiblement convexe ; noir. Elytres peu convexes ; à rangées striales de points d'un diamètre à peine aussi grand que le quart des intervalles dorsaux (20 à 22 environ sur la quatrième rangée) : cette quatrième rangée dirigée plutôt en dedans qu'en dehors de la partie la plus avancée de l'angle du milieu de la base de chaque étui. Intervalles plans, peu densement pointillés. Côtés des hanches de devant ridés.

Platynotus punctipennis. (De Brême), Deyrolle in litter.

Long. 0ᵐ,0225 (10 l.) Larg. 0ᵐ, 0125 (5 1/2 l.)

Corps oblong ; faiblement convexe ; noir, mat sur la tête et le prothorax, peu luisant sur les élytres. *Tête* et *prothorax* finement ponctués : ce dernier, muni à la base d'un rebord un peu affaibli dans son milieu. *Elytres* peu densement pointillées ; à rangées striales de points enfoncés, de grosseur un peu inégale, généralement d'un diamètre à peine plus large ou aussi large que le quart des intervalles, séparés longitudinalement les uns des autres sur le dos, par un espace égal à deux ou trois fois leur diamètre (environ 20 ou 22 de ces points sur la quatrième rangée). Cette quatrième rangée dirigée vers un point de la base situé un peu en dedans, ou plutôt en dedans qu'en dehors de la partie la plus avancée de la saillie anguleuse que présente chaque étui vers le milieu de sa base. *Intervalles* plans, pointillés ; côtés de l'antépectus garnis de rides longitudinales. *Prosternum* à trois côtes : les latérales enclosant postérieurement la médiaire.

Patrie : les Indes orientales. (Collect. Deyrolle).

Obs. Cette espèce se distingue des deux précédentes par son corps proportionnellement plus large, plus faiblement convexe ; par ses élytres sans traces de stries, à rangées striales de points beaucoup moins gros, moins profonds et moins rapprochés. Elle a beaucoup d'analogie sous ce dernier rapport avec le *P. Deyrolii* ; mais elle a le corps plus large, faiblement convexe ; le prothorax sans dépression ou sillon transverse sensible au devant des trois cinquièmes médiaires de sa base ; les rangées striales des élytres marquées ordinairement de points moins nombreux ; la partie la plus avancée de la saillie du milieu de la base un peu en dehors de la quatrième rangée : la septième rangée plus courte, ne paraissant pas liée en devant à la sixième ; les épisternums postérieurs plus parallèles. Dans l'exemplaire unique qui se trouvait dans les cartons de M. Deyrolle, le prosternum au lieu d'être gibbeux vers sa partie antérieure offrait sur ce point une sorte de cicatrice, et les sillons paraissaient dirigés en droite ligne à leur partie antérieure, au lieu de se porter en dehors parallèlement aux hanches ; mais ces derniers caractères peuvent être particuliers à cet exemplaire.

6. P. Deyrollii.

Oblong ; assez faiblement convexe ; noir. Prothorax marqué au devant de la base d'un sillon transverse sur les trois cinquièmes médiaires de sa largeur. Elytres médiocrement convexes ; à rangées striales de points généralement d'un diamètre plus large que le quart des intervalles (environ 23 à 28 sur la quatrième rangée) : cette quatrième rangée dirigée en dehors de la partie la plus avancée de la saillie anguleuse de la moitié de la base de chaque étui. Côtés des hanches non ridés.

Long. 0m,0191 à 0m,0208 (8 1/2 l. à 9 1/4 l.) Larg. 0m 0090 à 0mm,0100 (4 à 4 1/2 l.)

Corps oblong ; faiblement ou assez faiblement convexe ; noir, mat sur la tête et sur le prothorax, un peu moins terne ou peu luisant sur les élytres. *Tête* et *prothorax* finement ponctués : celui-ci muni d'un rebord basilaire affaibli ou presque interrompu dans son milieu ; marqué au devant des trois cinquièmes médiaires de la base d'une dépression ou sillon transversal. *Elytres* à rangées striales de points enfoncés d'une grosseur un peu inégale, généralement plus larges que le quart des intervalles, séparés longitudinalement sur le dos par un espace égal à une ou deux fois leur diamètre (environ 30 à 35 de ces points sur la quatrième rangée). *Intervalles* plans ; finement ponctués. Côtés de l'antépectus ordinairement sans rides apparentes.

Patrie : les Indes orientales. (Coll. Chevrolat, Deyrolle).

Nous avons dédié cette espèce à M. Deyrolle, l'un des marchands naturalistes de Paris les plus intelligents et les plus dévoués à la science.

Obs. Elle se distingue de la précédente par sa taille moins

grande ; son corps proportionnellement moins large, plus convexe ; par son prothorax muni d'un rebord basilaire affaibli dans
son milieu, rayé d'un sillon anté-basilaire ; par ses élytres ordinairement moins planes, sensiblement convexes longitudinalement
sur le dos, moins finement ponctuées ; par les côtés des hanches
de devant en général non marqués de rides. Les jambes antérieures
sont très-légèrement arquées sur l'arête, d'une manière régulière
jusqu'à l'extrémité ; chez le *Pl. punctatipennis* au contraire l'arête
externe se relève plus ou moins sensiblement en forme de dent,
près de l'origine du tarse, au moins chez le ♂, le seul exemplaire
que nous ayons eu sous les yeux. Les rangées des stries sont
presque géminées, c'est-à-dire un peu plus rapprochées par paire
les unes des autres.

Genre *Notocorax*, NOTOCORAX ([1]).

(Νῶτος, dos ; κοραξ corbeau).

CARACTÈRES. *Menton* distinctement entaillé ou presque tronqué
au bord antérieur de sa partie longitudinale médiane, avec les
angles antérieurs de celle-ci non émoussés : cette partie médiaire
chargée d'un carène médiaire et relevée en rebord sur les côtés,
offrant ainsi deux lignes saillantes dirigées d'arrière en avant
d'une manière convergente. *Elytres* non chargées d'arêtes ou
de côtes longitudinales.

A ces caractères essentiels, on peut ajouter pour les espèces
suivantes :

Prothorax en général médiocrement arqué sur les côtés et plus
ou moins sensiblement sinué près des angles de derrière ; rebordé
latéralement ; assez fortement bissinué à son bord postérieur.
Elytres faiblement ou médiocrement élargies jusqu'aux trois cin-

---

([1]). Dejean avait indiqué sous ce nom une coupe générique dont il n'avait pas établi
les caractères : celle-ci a évidemment des bases et des limites différentes.

quièmes ou un peu plus. *Bord supérieur du repli* souvent en partie visible en dessus après l'angle huméral.

Les ♂ nous ont offert les quatre premiers articles des tarses antérieurs dilatés, tantôt d'une manière presque égale, tantôt avec les troisième et quatrième articles sensiblement plus élargis.

Les insectes de cette coupe semblent encore tous particuliers aux contrées méridionales de l'Asie.

Obs. Nous avons décrit les unions des stries des élytres telles que nous les avons vues ; mais ces caractères sont un peu variables, ou peuvent présenter des anomalies chez quelques individus.

α. Elytres visiblement garnies de poils. Bord supérieur du repli indistinct en dessus après l'angle huméral.

  β. Elytres offrant trois ou quatre nervures longitudinales sur leur moitié interne et une réticulation irrégulière sur le reste.   *nervosus.*

  ββ. Elytres striées : les cinquième et sixième ordinairement seules plus courtes et unies postérieurement.   *crenatus.*

αα. Elytres glabres, ou paraissant telles à la vue.

  γ. Quatrième et cinquième stries, et les cinquième et sixième ou septième et huitième, plus courtes et unies postérieurement.

    δ. Elytres non subarrondies aux épaules. — Corps suballongé. Quatrième et cinquième stries des élytres plus longues que les sixième et septième ou septième et huitième.

      ι. Bord supérieur du repli en ligne à peu près droite après l'angle huméral. — Partie médiaire du bord postérieur du prothorax en ligne presque droite ; intervalles ridés.   *Mellyi.*

      ιι. Bord supérieur du repli en ligne sensiblement arquée après l'angle huméral.

        ζ. Prothorax faiblement sinué latéralement près des angles postérieurs ; sans gouttière sensible au côté interne du bord latéral ; en

  ligne presque droite snr la partie médiaire
  de la base. Intervalles non ridés; pointillés :
  ces points donnant naissance à un poil
  indistinct.   *ambiguus.*

 ζζ. Prothorax en ligne à peu près droite sur la
  seconde moitié de ses côtés ; offrant une
  gouttière marquée an côté interne de son
  rebord latéral ; arqué en arrière sur la partie médiaire de la base. Intervalles ridés,
  glabres.   *parallelus.*

δδ. Elytres subarrondies aux épaules. Quatrième et
  cinquième stries aussi courtes que les septième
  et huitième.   *javanus.*

γγ. Cinquième et sixième stries des élytres seules plus
  courtes et unies postérieurement. *strigipennis.*

γγγ. Quatrième et çinquième stries seules plus courtes :
  la sixième unie avec la troisième : la septième avec
  la deuxième.

 η. Elytres postérieurement rétrécies seulement
  à partir des deux tiers. Huitième article
  des antennes en ovale transverse. *nigrita.*

 ηη. Elytres postérieurement rétrécies à partir
  des trois cinquièmes. Huitième article des
  antennes, obconique, plus long que large. *arcuatus.*

1. N. nervosus.

*Oblong ; faiblement convexe ; noir, mais garni de poils courts et
cendrés qui lui donnent une teinte grisâtre. Epistome échancré en arc.
Elytres pointillées ; marquées de points assez gros séparés par des intervalles convexes constituant trois ou quatre nervures longitudinales
sur la moitié interne de chaque étui, et des réticulations irrégulières sur
le reste.*

Long. 0ᵐ,025 (10 l.) Larg. 0ᵐ,012 (5 l.)

 Corps oblong, faiblement convexe ; noir, mais garni de poils
plus ou moins courts et cendrés qui le font paraître grisâtre. *Tête*
pointillée ; garnie de poils très-courts, peu apparents. *Epistome*

échancré en arc médiocre ou assez faible. *Prothorax* médiocre-ment arqué sur les côtés, avec une sinuosité assez faible près des angles postérieurs ; offrant un peu avant le milieu sa plus grande largeur ; muni latéralement d'un rebord saillant, convexe, graduellement épaissi jusqu'aux deux cinquièmes, paraissant un peu plus épais dans son milieu que vers les angles postérieurs ; arqué en arrière sur les trois cinquièmes médiaires de la base, et moins prolongé sur le milieu de cette partie qu'aux angles qui sont en forme de dent ; muni d'un rebord basilaire non ou à peine interrompu ; très-médiocrement convexe ; couvert de points assez fins, donnant chacun naissance à un poil très-court. *Ecusson* trois fois aussi large qu'il est long dans son milieu. *Elytres* sen-siblement élargies en ligne peu courbe jusqu'aux trois cinquièmes, sinuées près de l'extrémité , mais paraissant arrondies posté-rieurement lorsqu'elles sont examinées perpendiculairement en dessus , parce qu'alors cette extrémité est peu visible ; très-faiblement convexes sur le dos; pointillées ou marquées de points fins, médiocrement rapprochés, donnant chacun naissance à un poil moins court et plus apparent que ceux du prothorax ; mar-quées de points assez gros, séparés par des intervalles saillants et convexes constituant trois ou quatre nervures longitudinales sur la moitié interne et des réticulations irrégulières sur le reste : la première nervure longitudinale; suturale, séparée de la deuxième par une rangée longitudinale irrégulière de points laissant entre eux sur la seconde moitié des parties linéaires saillantes : la troisième , plus large , plus irrégulière , aboutissant au côté interne de la partie la plus avancée de la saillie anguleuse du milieu de la base, séparée de la quatrième par une sorte de réseau formé de trois nervures longitudinales plus étroites irré-gulièrement entrelacées : la quatrième aboutissant au côté externe de la saillie anguleuse de la base : le reste de l'élytre couvert d'une réticulation irrégulière. *Bord supérieur du repli* épaissi à l'angle huméral qu'il constitue, invisible en dessus après cet angle. *Dessous du corps* presque lisse ou superficiellement ridé près des hanches de devant. *Prosternum* à trois sillons profonds, divisant sa surface en trois côtes : les latérales se confondant à leur partie postérieure avec la médiane.

PATRIE : les Indes orientales. (Muséum de Paris).

2. N. crenatus, FABRICIUS.

Oblong ; médiocrement convexe ; noir ou brun, mais garni de poils courts d'un roux fauve lui donnant une teinte rouillée. Epistome très-échancré. Elytres à stries profondes, sulciformes, ponctuées, garnies de poils. Intervalles en forme de toit dont l'arête est ondulée, crénelés par les points des stries. Bord supérieur du repli indistinct après l'angle huméral.

Blaps *crenata*, FABR. Spec. ins. t. 1. (1781). p. 322. 6. — *Id.* Mant. t. 1. (1787). page 210. 6. — *Id.* Ent. Syst. t 1. (1792). p. 109. 14. — *Id.* Syst. Eleuth. t. 1. (1801). p. 143. n° 14. — OLIV. Encycl. méth. t. 4. (1789). p. 305. 6. — *Id.* Entom. t. 3. (1795). n° 60. p. 8. 5. pl. 1. fig. 5. — HERBST. Naturs. t. 8. (1799). p. 186. 5. pl. 128. fig. 6. (reproduction de la figure donnée par Olivier). — ILLIG. Mag. t. 1. (1802). p. 340 n° 14.

Opatrum *reticulatum*, FABR. Suppl. Entom. Syst. (1798). p. 40. 1-2.

Platynotus *reticulatus*, FABR. Syst. Eleuth. t. 1. (1801). p. 138. 1. (suivant l'exemplaire typique conservé au muséum de Copenhague). — ILLIG. Mag. t. 1. (1802). page 339. 1. — SCHOENH. Syn. ins. t. 1. p. 141. 1.

Platynotus *Rabourdini*, DEJ. catal. (1837) suivant M. Deyrolle.

Long. 0ᵐ,0202 (9 l.) Plus grande largeur des élytres 0ᵐ,0084 (3 3/4 l.)

Corps oblong ; médiocrement convexe ; noir ou brun noir, mais garni d'un duvet roux fauve qui lui donne une teinte de rouille. *Tête* finement et assez densement ponctuée ; garnie de poils très-courts, souvent peu apparents. *Epistome* échancré en arc très-prononcé, voilant la majeure partie des mandibules et une partie plus ou moins considérable du labre. *Prothorax* assez arqué sur les côtés, avec une sinuosité marquée près des angles postérieurs ; muni latéralement d'un rebord à peine aussi épais près de ceux-ci que dans son milieu ; médiocrement ou assez faiblement arqué en arrière sur les cinq septièmes de la base, moins prolongé sur cette partie que les angles qui sont en forme de dent ; médiocrement convexe ; presque finement chagriné, densement couvert de points assez petits donnant chacun naissance à un poil très-court. *Ecusson* deux fois et demie aussi large qu'il est long ; arqué en arrière à son bord postérieur ; en partie pubescent. *Elytres* sensiblement élargies en ligne courbe, à partir de l'angle huméral jusqu'aux trois cinquièmes, postérieurement rétrécies d'une manière sinuée avec l'extrémité obtuse ; médiocrement ou assez médiocrement convexes ; à stries profondes, sulciformes, ponctuées (environ 28 points sur la quatrième), garnies de poils d'un roux fauve un peu livide, épais surtout postérieurement, mais souvent en partie usés : les première et deuxième, troisième et quatrième stries, ordinairement liées par paire à leur partie antérieure. *Intervalles* en forme de toit dont l'arête est sensiblement en zig-zag, crénelés par les points des stries qui forment sur leurs flancs des fossettes étendues à peu près jusqu'à l'arête ; finement ponctuées ; pubescents, avec l'arête glabre ou presque glabre : le premier ou sutural, divergeant avant d'arriver à l'écusson, ordinairement lié à la base avec le troisième : le troisième postérieurement lié avec le neuvième, et ainsi des suivants : le sixième le plus court et postérieurement enclos par ses voisins. *Bord supérieur du repli* épaissi à l'angle huméral qu'il constitue, invisible en dessus après celui-ci. *Repli* plus large en devant que l'épisternum du médipectus. *Dessous du corps* et *pieds* ruguleusement ponctués : côtés de l'antépectus non ridés. *Sternums* garnis d'un duvet fauve. *Prosternum* relevé en pointe à son extrémité ; muni d'un rebord latéral presque interrompu avant l'extrémité. *Postépisternums* à peine élargis dans leur milieu ; finement râpeux.

PATRIE : les Indes orientales. (Muséum de Copenhague, type ; Muséum de Paris. Collect. Chevrolat, Deyrolle.)

Obs. Fabricius, suivant le témoignage d'Illiger, paraît encore avoir fait ici double emploi. Après avoir décrit cet insecte sous le nom de *Blaps crenata* dans la collection de Banks, il l'a publié de nouveau sous celui de *Platynotus reticulatus*; ce dernier type provenant de la collection de Daldorff existe encore dans le muséum de Copenhague. Cette espèce se distingue facilement de toutes les suivantes par le bord supérieur de son repli invisible après l'angle huméral; par son corps garni de poils, en dessus.

3. N. Mellyi.

Suballongé; faiblement convexe; glabre et d'un noir mat en dessus. Epistome échancré en arc faible. Prothorax élargi jusqu'aux deux cinquièmes, légèrement sinué près des angles postérieurs; en ligne presque droite sur la partie médiaire de sa base; muni latéralement d'un rebord épais, convexe, densement ponctué; peu en gouttière près de ce bord. Elytres élargies jusqu'aux trois cinquièmes; à stries sulciformes et ponctuées: les troisième à septième graduellement plus courtes. Intervalles en toit, ridés et crénelés. Bord supérieur du repli épaissi à l'angle huméral, en ligne presque droite après cet angle.

Platynotus humeridens, MELLY. iuéd. CHEVROLAT in litter.
Platynotus costatus, DEYROLLE in collect.

Long. 0ᵐ,0191 (8 1/2 l.) Larg. 0ᵐ,0084 (3 3/4 l.)

Corps oblong; assez faiblement ou médiocrement convexe; d'un noir mat. *Tête* et *prothorax* finement et densement ponctués: intervalles des points, lisses. *Epistome* échancré en arc faible, laissant à découvert une partie notable des mandibules. *Prothorax* élargi en ligne courbe jusqu'aux deux cinquièmes, rétréci ensuite en ligne à peine sinueuse près des angles postérieurs; muni latéralement d'un rebord saillant, convexe, couvert de points presque contigus, graduellement un peu plus épais d'avant en arrière; presque en ligne droite sur les deux tiers médiaires de sa base, courbé aux extrémités, avec les angles postérieurs prolongés en forme de dent; à rebord basilaire étroit, non interrompu ; faiblement convexe ; un peu en gouttière près du rebord latéral. *Ecusson* trois fois aussi large qu'il est long dans son milieu ; densement ponctué. *Elytres* à angles postérieurs prononcés ; en ligne à peu près droite, mais un peu divergente, jusqu'au point où le bord supérieur du repli cesse d'être visible en dessus, c'est-à-dire jusqu'au douzième environ de la longueur, puis faiblement ou assez faiblement élargies en ligne courbe jusqu'aux trois cinquièmes ; assez faiblement ou médiocrement convexes ; à stries profondes, sulciformes, marquées de points assez petits, mais prolongés en espèces de rides jusque vers le milieu des intervalles : la deuxième strie ordinairement liée postérieurement à la huitième : les troisième à septième graduellement plus courtes : les quatrième et cinquième, et sixième et septième, ordinairement unies. *Intervalles* finement pointillés ; en toit dont l'arête est un peu obtuse ou peu vive et un peu ondulée. *Repli* plus large en devant que l'épisternum du médipectus. *Dessous du corps* obsolètement ponctué sur les côtés de l'antépectus ; ponctué sur le reste. *Prosternum* rebordé ; rugueusement ponctué sur sa surface, offrant parfois les faibles traces d'un sillon glabre ou paraissant tel. *Postépisternums* sensiblement arqués à leur côté interne et plus larges dans leur milieu ; moins de trois fois aussi longs que larges.

♀. *Pieds* simples. *Tarses* peu ou point dilatés.

Patrie : les Indes orientales (Collect. Chevrolat, Deyrolle.)

Obs. Nous destinons cette espèce à rappeler la mémoire de M. Melly, de Liverpool, arrêté par la mort le 15 janvier 1851 à Gagée, en Nubie, au retour de son voyage d'exploration dans ces contrées encore peu connues.

4. N. ambiguus.

Suballongé, presque parallèle, faiblement convexe; d'un noir mat, et paraissant glabre à la vue, en dessus. Epistome échancré en arc faible. Prothorax élargi jusqu'aux deux cinquièmes ou un peu plus, légèrement sinué près des angles postérieurs ; en ligne presque droite sur la partie médiaire de sa base ; muni latéralement d'un rebord épais, presque uniforme, non convexe, sans traces de gouttière près de ce rebord ; couvert de points assez rapprochés. Élytres faiblement élargies jusqu'aux trois cinquièmes ; à stries un peu sulciformes et ponctuées : les troisième à septième graduellement plus courtes. Intervalles faiblement en toit, non ridés, pointillés : ces points donnent naissance à un poil indistinct. Bord supérieur du repli en ligne sensiblement arquée après l'angle huméral.

Long. 0^m,0180 (8 l.) Larg. 0^m,0072 (3 1/4 l.)

Patrie : la côte de Coromandel. (Collection Chevrolat).

Obs. Cette espèce a beaucoup d'analogie avec le *N. Mellyi* et peut-être n'en est qu'une variation anomale. L'exemplaire unique qu'il nous a été donné de voir, nous a paru cependant se distinguer de l'espèce précitée par son corps plus parallèle; par son prothorax muni sur les côtés d'un rebord presque plan, couvert de points moins rapprochés, presque uniformément épais, moins saillant ; n'offrant pas au côté interne de ce rebord de traces de gouttière ; muni à la base d'un rebord presque interrompu dans son milieu ; par ses élytres à stries moins profondes ; à intervalles faiblement en toit, non ridés et marqués de très-petits points peu rapprochés, donnant naissance, surtout dans le tiers postérieur, à un poil luisant, excessivement court, indistinct à la simple vue ; par le bord supérieur de son repli non épaissi en forme de saillie obtuse à l'angle huméral, en ligne arquée après cet angle jusqu'au dixième ou neuvième de la longueur où il cesse d'être visible; par son repli à peine plus large à sa partie antérieure que l'épisternum du médipectus.

5. N. parallelus.

Suballongé ; faiblement convexe ; glabre et d'un noir mat. Epistome échancré en arc faible. Prothorax élargi en ligne peu courbe jusqu'aux deux cinquièmes, à peine rétréci et en ligne presque droite dans sa seconde moitié ; arqué en arrière sur la partie médiaire de sa base ; en gouttière

*assez prononcée près du rebord latéral. Elytres à stries un peu sulciformes
et ponctuées. Intervalles en forme de toit, ridés, pointillés. Bord supérieur du repli en ligne sensiblement arquée après l'angle huméral.*

Platynotus parallelus, DEYROLLE, in collect.

Long. 0ᵐ,0214 (9 1/2 l.) Larg. 0m,0074 (3 1/3 l.)

Corps suballongé ; presque parallèle jusqu'aux trois cinquièmes des élytres ; faiblement ou assez faiblement convexe.
Tête et *prothorax* finement ponctués ; à intervalles presque lisses. *Epistome* échancré en arc faible, laissant à découvert une partie notable des mandibules. *Prothorax* élargi en ligne faiblement courbe jusqu'aux deux cinquièmes ou un peu plus, faiblement rétréci dans sa seconde moitié, et en ligne à peu près droite, jusqu'aux angles postérieurs prolongés en forme de dent; muni latéralement d'un rebord saillant, épais, convexe ; densement ponctué; bissinué à la base, avec les deux tiers médiaires de celle-ci arqués et à peu près aussi prolongés en arrière que les angles; étroitement rebordé à son bord postérieur ; faiblement convexe ; avec une gouttière très-apparente près des bords latéraux ; parfois noté de chaque côté de la ligne médiaire d'une légère fossette située vers les trois cinquièmes de la longueur. *Elytres* à bord supérieur du repli épaissi à l'angle huméral et sensiblement arqué après cet angle jusqu'au point où il cesse d'être visible en dessus, c'est-à-dire jusqu'au huitième ou au neuvième de la longueur ; faiblement élargies ensuite jusqu'aux trois cinquièmes ; faiblement ou assez faiblement convexes ; à stries assez profondes, un peu sulciformes et ponctuées. *Intervalles* presque imperceptiblement pointillés, ridés : les internes faiblement, les autres plus sensiblement convexes ou plutôt en toit. *Dessous du corps* peu luisant ; ponctué sur les côtés de l'antépectus. *Prosternum* rebordé, rugueux et presque sillonné sur sa surface. *Pieds* ponctués.

PATRIE : les Indes orientales. (Collection Deyrolle).

♂. *Cuisses* simples, glabres. *Jambes de devant* un peu arquées

sur leur arête externe : celle-ci faiblement sinuée des trois quarts
à son extrémité qui forme une petite dent. *Jambes postérieures*
droites. Quatre *premiers articles des tarses antérieurs*, bordés
d'un duvet roux-orangé : les deuxième et troisième plus sensiblement dilatés que les autres, surtout que le quatrième.

♀. Inconnue.

Obs. Le seul exemplaire que nous avons eu sous les yeux
avait l'écusson luisant, peu ponctué ; les stries troisième à
sixième plus courtes : les troisième et quatrième, et cinquième
et sixième, postérieurement unies par paire, disposition qui
suffirait à faire reconnaître l'espèce si elle était constante ; mais
elle n'est peut-être qu'une anomalie.

Cette espèce a encore de l'analogie avec les *N. Mellyi* et *ambiguus*. Elle se distingue du premier par le bord supérieur du repli
formant une dilatation en arc sensible après l'angle huméral, au
lieu d'être en ligne droite ; du second, par son prothorax offrant
une gouttière très-apparente près du rebord latéral ; par ses
élytres à intervalles plus saillants, ridés ; sans traces de poils ; de
tous les deux par son prothorax en ligne à peu près droite dans
la seconde moitié de ses côtés, arqué et aussi prolongé en arrière
que les angles.

6. N. javanus, Wiedemann.

*Ovale-oblong, assez faiblement convexe ; noir. Epistome échancré en
arc prononcé. Prothorax arqué sur les côtés, peu sinué près des angles
postérieurs ; muni d'un rebord latéral un peu saillant. Élytres subarrondies aux épaules ; à stries profondes et marquées de points transversaux (quarante à quarante-cinq sur la quatrième strie) : les quatrième
et cinquième et les sixième et septième ou septième et huitième plus courtes
et unies : intervalles pointillés ; convexes, un peu crénelés par les points
des stries. Prosternum rugueux, pubescent, étroitement rebordé.*

Opatrum javanum, Wiedem. Neue Kaef aus Bengal. etc. *in* Zoolog. Magaz.
t. 1. 3ᵉ cahier (1819). p. 163. 9.

Notocorax javanus, Dej. catal. (1837). p. 312.

Opatrinus talus, (SOLIER).

Opatrinus laticollis in musæo parisiensi.

Long. 0ᵐ,0133 à 0ᵐ 0157 (6 à 7 l.) Larg. 0ᵐ,0056 à 0ᵐ,0067 (2 1/2 à 3 l.)

Corps ovale oblong ; assez faiblement convexe ; noir, mat sur la tête et sur le prothorax, peu luisant sur les élytres. *Tête* ponctuée. *Epistome* échancré en arc très-prononcé, voilant en majeure partie les mandibules. *Prothorax* arqué sur les côtés, avec une sinuosité courte et assez faible près des angles postérieurs ; muni latéralement d'un rebord saillant, convexe, un peu plus épais ou moins étroit dans sa seconde moitié et surtout dans le milieu de celle-ci ; muni à la base d'un rebord très-étroit, dépassant à peine la sinuosité, c'est-à-dire largement interrompu dans sa partie médiaire ; offrant au devant des trois cinquièmes médiaires du bord postérieur les traces d'un sillon transverse bissinué à la base, avec les quatre septièmes médiaires en arc un peu moins prolongé en arrière que les angles et souvent obtus ou subéchancré dans son milieu ; faiblement convexe ; marqué de points médiocres, séparés par un espace à peine aussi grand que le diamètre de chacun, et presque ruguleux ou peu uni. *Ecusson* presque linéaire transversalement, près de quatre fois aussi large que long. *Elytres* subarrondies aux épaules, ou s'élargissant en ligne droite jusqu'au point où le bord supérieur du repli cesse d'être visible en dessus, c'est-à-dire jusqu'au dixième environ de la longueur des étuis, plus larges ou au moins aussi larges dans ce point que le prothorax dans son milieu ; assez faiblement élargies ensuite en ligne peu courbe jusqu'aux quatre septièmes ou un peu plus, sensiblement plus larges dans ce point que le prothorax dans son milieu ; faiblement convexes ; à stries profondes et ponctuées dans le fond par des points transverses qui crénèlent les intervalles : les quatrième et cinquième, et les sixième et septième, ou septième et huitième plus courtes et postérieurement unies. *Intervalles* pointillés ; glabres ; assez convexes : le cinquième et le septième, ou le cinquième et le huitième, plus courts et postérieurement enclos par leurs voisins. *Dessous du corps* ponctué ; garni de poils clair-semés ou peu serrés, mais assez apparents sur le prosternum et sur la base du ventre. *Prosternum* élargi dans son milieu ; rugueusement ponctué ; étroitement rebordé. *Postépisternums* parallèles, trois fois au moins aussi longs que larges.

PATRIE : Java. (Collect. Chevrolat, Deyrolle) ; Coupang. (Muséum de Paris). Nous n'avons vu que la ♀.

Obs. Cette espèce se distingue facilement des *N. Mellyi*, *ambiguus* et *parallelus*, par son corps plus court, plus ovalaire ; par son prothorax muni à la base d'un rebord largement interrompu ; par les sinuosités basilaires de ce segment moins rapprochées des bords latéraux ; par ses élytres sans angle huméral marqué ; subarrondies et assez notablement élargies aux épaules, très-sensiblement plus larges vers leurs trois cinquièmes que le prothorax dans son milieu : les quatrième et cinquième stries, et variablement les cinquième et sixième ou sixième et septième, s'unissent postérieurement : les quatrième et cinquième sont ordinairement un peu plus courtes que les cinquième et sixième ou sixième et septième : les cuisses postérieures dépassent à peine le deuxième arceau : ce dernier caractère suffit pour permettre de distinguer le *P. javanus* de toutes les autres espèces.

Obs. Le *N. Westermanni*, MANNERHEIM, (lettre à S. E. M. Fischer de Waldheim, *in* Bullet, de la soc. imp. des Nat. de Moscou, 1844, n° 4, p. 862, suivant l'exemplaire typique obligeamment communiqué par M. le comte de Mannerheim) pourrait être caractérisé de la sorte :

Ovale oblong ; assez faiblement convexe ; noir. Epistome échancré en arc prononcé. Prothorax arqué sur les côtés, peu sinué près des angles postérieurs ; muni d'un rebord latéral graduellement plus saillant vers le milieu de sa longueur. Élytres subarrondies aux épaules ; à stries pro-

fondes, marquées de points transverses (environ quarante-deux sur la quatrième) : les deuxième et troisième, quatrième et cinquième, sixième et septième postérieurement unies par paires : les deuxième et troisième presque terminales : les autres plus courtes. Intervalles pointillés ; convexes, un peu crénelés par les points des stries ; prosternum rugueux, pubescent, presque parallèle, étroitement rebordé.

Mais il a tant d'analogie avec le *N. javanus* que peut être n'en est-il qu'une variété. L'exemplaire unique, dont nous devons la communication à M. de Mannerheim, se distingue par sa tête et son prothorax ponctués d'une manière moins unie ou un peu plus ruguleuse ; par son prothorax muni d'un rebord latéral graduellement plus saillant vers le milieu de sa longueur, relevé, surtout vers ce point, de manière à former une gouttière au côté interne, caractère que nous avons vu, mais moins prononcé chez quelques exemplaires du *N. javanus* ; par les côtés de l'antépectus plus sensiblement ridés ; par son prosternum moins élargi ou presque parallèle ; et surtout par les deuxième et troisième stries des élytres unies à leur extrémité, au lieu de se lier : la deuxième à la neuvième, la troisième à la huitième, particularité qui peut-être est accidentelle. La taille est un peu plus avantageuse que dans la plupart des exemplaires du *N. javanus.*

7. N. strigipennis.

Suballongé ; faiblement convexe ; glabre et d'un noir mat. Prothorax arqué sur les côtés, à peine sinué près des angles ; en ligne presque droite sur les deux tiers médiaires de sa base. Élytres à stries ponctuées et rendues peu profondes par la convexité des intervalles : les cinquième et sixième seules plus courtes et postérieurement unies. Intervalles paraissant impointillés, convexes ou en toit, crénelés par les points des stries.

Opatrinus strigipennis (Dupont). *In* museo parisiens.

Long. 0ᵐ,0205 (9 1/2 l.) Larg. 0ᵐ,0078 (3 1/2 l.)

Corps suballongé ; faiblement convexe ; glabre ; d'un noir

mal. *Tête* pointillée, plus densement sur l'épistome que sur le front. *Epistome* échancré en arc médiocre. *Prothorax* arqué sur les côtés, offrant vers ses deux cinquièmes ou un peu plus sa plus grande largeur, rétréci dans sa seconde moitié d'une manière à peine sinuée près des angles ; muni sur les côtés d'un rebord saillant, convexe, graduellement épaissi ; en ligne presque droite ou à peine arquée sur les cinq sixièmes médiaires de la base, avec les angles prolongés en forme de dent ; muni d'un rebord basilaire non interrompu ; faiblement convexe ; marqué de points assez rapprochés. *Ecusson* densement ponctué ; en triangle à côtés sinués ; deux fois et demie aussi large qu'il est long dans son milieu. *Elytres* assez faiblement élargies jusqu'aux trois cinquièmes environ de leur largeur ; sans saillie bien marquée à l'angle huméral, sans sinuosité après celui-ci ; faiblement ou assez faiblement convexes ; à stries ponctuées et rendues plus profondes par la convexité des intervalles (quarante points au moins sur la quatrième strie : les cinquième et sixième seules plus courtes et postérieurement unies et encloses par les autres : la troisième unie à la huitième : la quatrième à la septième. *Intervalles* convexes ou en toit ; paraissant imponctués ; crénelés et superficiellement ridés par les points des stries : le sixième seul plus court et enclos par ses voisins. *Bord supérieur du repli* visible en dessus jusqu'au huitième environ de la longueur. *Dessous du corps* ponctué sur les côtés de l'antépectus, moins grossièrement sur le ventre et sur les autres parties pectorales. *Prosternum* muni d'un rebord épais ; rayé d'un sillon léger sur sa partie médiaire. *Postépisternums* légèrement arqués à leur côté interne ; moins de trois fois aussi longs que larges.

Patrie : le Bengale. (Muséum de Paris, voyage de Duvaucel).

♂. *Jambes antérieures* faiblement arquées. *Trois premiers articles des tarses* dilatés : les deuxième et troisième plus sensiblement : le quatrième peu ou pas

Obs. Cette espèce se distingue facilement des autres par ses cinquième et sixième stries seules plus courtes et réunies postérieurement, si, comme il est probable, ce caractère est constant.

8. **N. nigrita,** Fabricius.

Suballongé ; médiocrement convexe; glabre, et d'un noir peu luisant, en dessus. Antennes à huitième article en ovale transverse. Prothorax arqué sur les côtés et sinué près des angles postérieurs. Écusson finement ponctué. Élytres presque parallèles jusqu'aux deux tiers ; à stries profondes et ponctuées : les quatrième à huitième, seules plus courtes et postérieurement encloses par les voisines. Intervalles assez convexes , crénelés et ridés.

Tenebrio atratus, Fabr. Entom. (1775). p. 256. 4. (♀).

Helops nigrita, Fabr. Gen. ins. Mant. (1776). p. 241. 4. 5. (♀).— *Id.* Spec.
ins. t. 1. p. 325. 17. (♀).— *Id.* Mant. t. 1. p. 214. 11. (♀)— *Id* Entom.
syst. t. 1. p 120. 17 (♀). *Id.* syst. Eleuth. t. 1. p. 160. 27. (♀) (suivant
l'exemplaire typique conservé au muséum de Copenhague). — Schoenh.
Syn. ins. t. 1. p. 161. 28.

Pimelia (Helops) nigrita, Gmel. C. Linn. Syst. nat. t. 1. (1788). p. 2010.
71. (♀).

Tenebrio dispar, Herbst, Naturs. t. 7. (1797). p. 248. 8. (♂♀). pl. 111.
fig. 8. (♂).

Long. 0ᵐ,0191 (8 1/2 l.) Larg. 0ᵐ, 0067 (3 l.)

Corps suballongé, presque parallèle jusqu'aux deux tiers au moins des élytres ; assez faiblement ou médiocrement convexe ; glabre ; d'un noir mat ou peu luisant. *Tête* ponctuée, moins finement sur le front que sur le reste de sa surface ; marquée après les yeux d'un sillon transversal. *Epistome* échancré en arc faible. *Prothorax* arqué sur les côtés, avec une sinuosité assez marquée près des angles postérieurs, qui sont parallèles ou presque parallèles et prolongés en arrière en forme de dent assez étroite ; muni sur les côtés d'un rebord un peu plus épais dans son milieu ; fortement bissinué à la base ; peu arqué en arrière sur les cinq septièmes médiaires de celle-ci : muni d'un rebord basilaire étroit, presque interrompu ou interrompu dans son milieu ; médiocre-

ment convexe ; densement et finement ponctué. *Ecusson* deux
fois et demie aussi large qu'il est long dans son milieu ; arqué en
arrière à son bord postérieur, densement ponctué. *Elytres* offrant
à l'angle huméral une saillie obtuse ou subarrondie, formée par
le bord supérieur du repli épaissi dans ce point ; brièvement
entaillées ou sinuées après cette dent, puis élargies en courbe faible
jusqu'au point où le bord du repli cesse d'être visible, c'est-à-dire
jusqu'au septième environ de leur longueur, ensuite assez faiblement élargies en ligne presque droite jusqu'aux deux tiers, postérieurement rétrécies d'une manière sinuée avec l'extrémité obtuse ;
médiocrement convexes ; à stries ponctuées, rendues plus profondes par la convexité des intervalles (vingt-cinq points environ
sur la quatrième) : la deuxième postérieurement unie avec la
septième : la troisième avec la quatrième : les quatrième et
cinquième plus courtes et encloses par leurs voisines. *Intervalles*
assez convexes ; assez superficiellement pointillés ; crénelés et
ridés par les points des stries : le cinquième seul plus court et
enclos par ses voisins. *Dessous du corps* et *pieds* ponctués.
Sternums assez densement pubescents. *Prosternum* étroitement
rebordé. *Postépisternums* trois fois au moins aussi longs que
larges.

Patrie : les Indes orientales. (Muséum de Copenhague, type ;
muséum de Paris ; collection Chevrolat, Deyrolle, de Polinière) ; la
Chine (collection Guérin).

♂. *Cuisses postérieures* munies d'une petite dent sur les deux
tiers de leur arête inférieure ; ciliées depuis la base jusqu'à cette
dent. *Jambes de devant* en forme de hameçon, droites et d'une
largeur presque égale dans leurs trois premiers cinquièmes, puis
incourbées, avec la partie interne dilatée et munie d'une petite
dent à son angle antérieur. *Jambes postérieures* arquées et
ciliées en dessus. *Quatre premiers articles des tarses antérieurs*
ciliés de roux et dilatés, surtout la deuxième.

♀. *Cuisses* inermes, glabres. *Jambes* antérieures simples : les postérieures à peine arquées, peu ciliées. *Quatre premiers articles des tarses antérieurs égaux, à peine dilatés.*

Obs. Cette espèce se distingue facilement des précédentes par les quatrième et cinquième stries seules plus courtes et encloses par les autres.

9· **N. arcuatus,** Saint-Fargeau et Audinet-Serville.

Suballongé ; assez faiblemement convexe ; glabre et d'un noir mat en dessus. Antennes à huitième article obconique, à peine aussi large ou moins large que long. Prothorax arqué sur les côtés et sinué près des angles postérieurs. Ecusson marqué de points plus gros que ceux du prothorax. Elytres faiblement élargies jusqu'aux trois cinquièmes à peine ; à stries ponctuées (25 points environ sur la quatrième strie) : les quatrième et cinquième seuls plus courtes et postérieurement encloses par les voisines. Intervalles médiocrement convexes, crenélés, non ridés.

Pedinus arcuatus, Saint-Farg. et Serv. Encycl. méth. t. 10. (1825). p. 26. 4. (suivant l'exemplaire typique existant dans la collection de M. Chevrolat).

Long. 0m 0123 à 0m,0146 (5 1/2 l. à 6 1/2 l.) Larg. 0m,0045 à 0m,0151 (2 à 2 1/4 l.

Corps suballongé ; assez faiblement ou très-médiocrement convexe ; glabre ; d'un noir mat. *Tête* densement et assez finement ponctuée, moins densement sur le front que sur le reste de sa surface ; sillonnée après les yeux. *Epistome* échancré en arc assez proffoncé. *Prothorax* arqué sur les côtés avec une sinuosité ordinairement assez faible près des angles postérieurs ; muni latéralement d'un rebord peu épais, presque égal ; bissinué à la base, avec les angles postérieurs prolongés en forme de dent, peu ou médiocrement arqué en arrière sur les trois cinquièmes ou cinq septièmes de son bord postérieur ; rayé, au devant de celui-ci, d'une ligne constituant un rebord très-étroit, parfois interrompu ou presque interrompu dans son milieu ; médiocrement convexe ; densement et finement ponctué. *Ecusson* deux fois à deux fois et demie plus large qu'il est long dans son milieu ;

arqué en arrière à son bord postérieur ; densement ponctué. *Elytres* offrant à l'angle huméral une saillie obtuse et peu prononcée, formée par le bord supérieur du repli ; élargies en ligne courbe jusqu'au point où ce bord cesse d'être visible en dessus, c'est-à-dire vers le huitième environ de la longueur, en formant après l'angle huméral une légère sinuosité, puis élargies d'une manière peu sensible jusqu'aux trois cinquièmes à peine de leur longueur ; assez faiblement convexes ; à stries très-marquées, notées de points sensiblement transverses, séparés les uns des autres par un espace double environ de leur diamètre (environ vingt-cinq de ces points sur la quatrième) : les première et deuxième, et troisième et quatrième stries, unies en devant : la deuxième postérieurement unie à la septième : la troisième à la sixième : la quatrième à la cinquième : celles-ci plus courtes et encloses par les autres. *Intervalles* médiocrement convexes ; superficiellement pointillés ; non ridés ; crénelés par les points des stries : le cinquième plus court et enclos par ses voisins. *Dessous du corps* luisant ; lisse sur les côtés de l'antépectus, ponctué sur le reste. *Prosternum* assez étroitement rebordé ; râpeux et pubescent sur sa surface. *Postépisternums* parallèles, trois fois au moins aussi longs que larges.

PATRIE : les Indes orientales. (Collect. Chevrolat, Deyrolle, Perroud) ; Java (Chevrolat).

♂. *Cuisses* antérieures garnies de poils fins et assez longs vers la partie inférieure de leur côté interne. *Jambes de devant* arquées ; fortement échancrées en dessous vers les deux cinquièmes et plus faiblement entre ce point et l'extrémité. *Jambes postérieures* ciliées sur les deux tiers ou trois quarts postérieurs de leur arête inférieure. *Quatre premiers articles* des tarses antérieurs ciliés de roux et presque également dilatés.

♀. *Jambes* droites ; simples ; presque glabres. *Tarses* peu ou point dilatés.

OBS. Cette espèce a quelque analogie avec le *N. nigrita* ; elle

s'en distingue par une taille notablement plus petite ; par ses
antennes à huitième article obconique, à peine aussi large que
long ; par son prothorax moins arqué sur les côtés, moins fortement sinué près des angles postérieurs, muni d'un rebord proportionnellement plus étroit ou moins épais ; par ses élytres non
déprimées sur les côtés de l'écusson, offrant aux épaules une
saillie moins prononcée, moins épaisse, et suivie d'une sinuosité
plus faible, commençant à se rétrécir vers les trois cinquièmes
ou un peu moins plutôt que vers les deux tiers, ce qui lui donne
une physionomie différente ; par ses stries moins profondes et
marquées de points moins forts ; par ses intervalles non ridés.
Quelquefois les troisième et cinquième intervalles sont sensiblement plus larges et même plus visiblement convexes que leurs
voisins. La ponctuation du prothorax est aussi quelquefois plus
serrée, plus ou moins fine.

Nous avons vu cet insecte inscrit dans diverses collections sous
les noms de *Opatrinus indicus* et *Opatrinus crenatus* Dej.

Genre *Eucolus*.

(Εὔκολος, qui s'accommode de toute sorte nourriture).

Caractères. *Menton* faiblement échancré au bord antérieur de
sa partie longitudinale médiaire, avec les angles antérieurs de
celle-ci émoussés ou subarrondis : cette partie médiaire chargée
d'une carène médiaire, peu ou point relevée en rebord sur les
côtés. *Intervalles des stries des élytres* alternativement plus
élevés en forme d'arêtes ou de tranches.

1. E. Polinierii.

*Suballongé ; glabre et d'un noir mat. Prothorax arqué sur les
côtés et sinué près des angles postérieurs. Élytres presque planes sur le
dos ; à stries profondes et marquées de lignes ou points transverses prolongés sur les intervalles : les deuxième, quatrième, sixième et huitième*

de ceux-ci, en toit, ridés ou sillonnés transversalement : les premier, troisième, cinquième, septième et neuvième relevés en arêtes plus saillantes : les troisième et septième postérieurement réunis.

Long. 0^m,0213 (9 1/2 l.) Larg. 0^m,0067 (3 l.)

Corps suballongé ; faiblement convexe ; d'un noir un peu moins mat sur les élytres que sur le prothorax. *Tête* assez finement ponctuée. *Epistome* échancré en arc assez prononcé. *Prothorax* arqué sur les côtés jusqu'aux quatre cinquièmes, postérieurement rétréci en ligne presque droite et convergeant un peu en arrière ; muni latéralement d'un rebord assez épais, presque égal, légèrement festonné en dehors ; très-étroitement rebordé à la base ; arqué en arrière sur les cinq sixièmes médiaires de celle-ci, avec les angles postérieurs sensiblement plus prolongés en forme de dent ; médiocrement convexe ; moins finement ponctué que la tête. *Ecusson* deux fois et demie plus large qu'il est long dans son milieu ; arqué en arrière à son bord postérieur ; densement ponctué. *Elytres* brièvement sinuées après la saillie humérale formée par le bord supérieur du repli, faiblement élargies ensuite jusqu'aux trois cinquièmes ou un peu plus de leur longueur ; à peine aussi larges dans ce point que le prothorax dans son milieu ; presque planes sur le dos ; à stries profondes, marquées de points prolongés en forme de sillons ou de rides sur les intervalles : les deuxième, quatrième, sixième et huitième de ceux-ci en forme de toit dont l'arête est sillonnée transversalement, paraissant par là formés de tubercules unis longitudinalement les uns aux autres : les premier, troisième, cinquième, septième et neuvième relevés en arêtes plus saillantes, à peine sinuées et ridées sur la tranche : le premier ou juxta-sutural incourbé à sa partie antérieure pour s'unir au troisième et formant avec son semblable et la base une sorte de triangle enclosant l'écusson : les troisième et septième postérieurement unis vers les neuf dixièmes, en enclosant le cinquième qui est plus court.

Dessous du corps imponctué sur les côtés de l'antépectus. *Pieds* ponctués et garnis de poils courts, d'un fauve livide.

Patrie : la côte de Coromandel. (Collection Chevrolat).

Obs. Nous n'avons vu que l'un des sexes, ayant les jambes de devant un peu arquées, presque cylindriques, un peu échancrées en dessus dans le milieu et postérieurement hérissées de poils d'un fauve roux sur leur arête inférieure ; les quatre premiers articles des tarses antérieurs faiblement dilatés, surtout les premier et quatrième.

Nous avons dédié cette belle espèce à M. le baron de Polinière, l'un des membres les plus distingués de l'Académie de Lyon, qui sait joindre aux talents remarquables auxquels il doit sa haute réputation médicale, le goût le plus éclairé pour l'histoire naturelle.

DEUXIÈME BRANCHE.

OPATRINAIRES.

Caractères. *Yeux* non coupés par les joues. *Prothorax* à deux sinuosités basilaires avec les angles dirigés en arrière. *Repli des élytres* seule partie de celles-ci visible quand l'insecte est examiné en dessous ; plus étroit à sa partie antérieure que l'épisternum du médipectus. — *Pattes* grêles. *Jambes antérieures* à peine élargies ; peu ou point planes et rapeuses en dessous.

A ces caractères plus essentiels on peut ajouter :

Menton à partie médiaire chargée d'une carène longitudinale médiaire et de deux juxta-médiaires, convergeant en devant en ligne droite ou souvent incourbée à partir d'un point plus ou moins rapproché de la base, soit entaillée, soit entière à son bord antérieur ; à parties latérales plus ou moins apparentes en devant. *Antennes* en général moins longuement ou rarement un peu plus longuement prolongées que les angles postérieurs du prothorax ; grossissant plus ou moins sensiblement et

un peu comprimées à partir du sixième ou du neuvième article :
les neuvième et dixième ou parfois un ou deux des précédents,
moniliformes et plus larges que longs : le dernier, le plus souvent avancé en forme de dent ou de pointe à sa partie antéro-
interne. *Prothorax* muni d'un rebord latéral peu ou médiocrement épais. *Écusson* distinct ; plus large que long. *Élytres* obliquement coupées sur la moitié externe de leur base, pour
donner place aux angles postérieurs du prothorax prolongés en
arrière ; à neuf stries, y comprise la voisine du repli. *Dessous
du corps* ordinairement presque lisse près des hanches de devant,
et presque toujours marqué plus extérieurement de gros points
parfois un peu unis en sillons.

Obs. Les tarses antérieurs des ♂ ont généralement les quatre premiers articles dilatés et garnis en dessous de bross esfor-
mant des espèces de ventouses. Les dispositions des stries varient selon les genres.

Ils peuvent être répartis dans les genres suivants :

Genres.

Prothorax
{
à deux sinuosités basilaires en arc régulier.
Repli des élytres plus étroit à sa partie
antérieure que l'épisternum du médi-
pectus.   *Opatrinus.*
à deux sinuosités ordinairement en forme
d'angle très-ouvert ; parfois cependant en
forme d'arc presque régulier ; mais dans
ce cas, partie antérieure du repli plus
large que l'épisternum du médipectus.   *Selinus.*
}

Genre *Opatrinus*, Opatrine ; (Dejean[1]), Latreille [2]).

Caractères. *Élytres* ordinairement coupées d'une manière
plus oblique sur la moitié externe de leur base, parfois cepen-

----

[1] Dejean catologue (1821) p. 66.
[2] Latreille, Règue anim. de Cuvier (partie entomologique) 2e édit. (1829)
t. 2. p. 19.

dant peu anguleuses vers le milieu de celle-ci ; à repli plus étroit
que la partie antérieure de l'épisternum du médipectus. *Antennes* sensiblement comprimées ; offrant les huitième à dixième
articles généralement plus larges que longs. *Prothorax* bissinué
à la base : ces sinuosités en arc régulier.

A. *Élytres* peu anguleuses vers la moitié de leur base ; creusées sur la moitié externe de celle-ci d'une fossette plus ou moins faible : le côté externe de leur
saillie anguleuse non étendu jusqu'au repli , et moins prolongé en arrière à son
extrémité externe que le côté interne l'est près de l'écusson. Partie médiaire du
menton en ogive et sans entaille distincte à son bord antérieur. *Postépisternums*
parallèles, près de quatre fois aussi larges que longs. *Prosternum* dépassant peu le
bord du segment. Cuisses postérieures prolongées jusqu'au bord du troisième arceau.
(G. *Zidalus*.)

1. O. corvinus.

*Oblong ou suballongé ; d'un noir mat. Prothorax arqué sur les côtés
jusqu'aux cinq sixièmes où il est sinué, plus ou moins parallèle ensuite ; couvert de points donnant naissance à un poil très-court, peu
distinct. Élytres à stries très-prononcées et ponctuées : les troisième
et sixième, septième et huitième postérieurement unies. Intervalles cre-
nelés par les points tranverses des stries, plus convexes postérieurement
qu'en devant ; rugueusement ponctués. Prosternum rebordé et rayé
dans le milieu.*

Opatrinus corvinus (Valtl.) *in* museo paris.
Opatrinus ægyptiacus (Deyrolle) *in litter.*

Long. 0,0112 (5 l.) Long. 0,0045 (2 l.).

Corps oblong ou suballongé ; assez faiblement convexe ; d'un
noir mat. *Tête* ponctuée , un peu plus finement et plus densement sur l'épistome que sur le front, beaucoup plus finement
sur le vertex. *Antennes* noires, avec l'extrémité un peu moins
obscure. *Prothorax* arqué sur les côtés , sinué vers les cinq
sixièmes , parallèle ou presque parallèle ensuite ; à angles pos-

térieurs prolongés en arrière en forme de dent aiguë ; muni latéralement d'un rebord saillant, presque uniforme ou plus graduellement et faiblement plus épais, saillant, convexe, pointillé ;
bissinué à la base, avec les trois cinquièmes médiaires de celle-ci
médiocrement et obtusément arqués et moins prolongés que les
angles ; muni d'un rebord basilaire très-étroit, parfois plus apparent, non interrompu ; très-médiocrement convexe ; couvert
de points à peu près égaux à ceux du front, mais plus serrés,
et de chacun desquels sort, moins indistictement que de ceux
de la tête, un poil très-court, livide, parfois usé. *Écusson* en
triangle à côtés anguleux ; près d'une fois plus large qu'il est
long dans son milieu ; ponctué. *Élytres* subarrondies aux épaules,
faiblement élargies ou presque parallèles ensuite jusqu'aux trois
cinquièmes ; assez faiblement convexes ; à stries très-marquées,
étroites, crénelées par des points ou petites raies transverses,
séparés les uns des autres par un espace double au moins de
leur diamètre longitudinal, (plus de trente de ces points sur la
quatrième strie) : la troisième généralement liée à la sixième en
enclosant les quatrième et cinquième : souvent les troisième,
quatrième, cinquième et sixième graduellement plus courtes :
les septième et huitième au moins aussi courtes que la cinquième et postérieurement unies. *Intervalles* peu convexes en
devant, un peu plus convexes postérieurement ; crénelés et ridés
par les points des stries ; rugueusement ponctués ; glabres ou à
peu près. *Bord supérieur du repli* en majeure partie un peu
visible en dessus. *Côtés de l'antépectus* marqué de points assez
gros, un peu unis en sillons. *Prosternum* rebordé et offrant les
traces d'un sillon médiaire. *Postépisternums* parallèles, quatre
fois environ aussi longs que larges. *Ventre* et *Pieds* marqués de
points donnant naissance à un poil très-court. *Tarses* garnis en
dessous de poils d'un fauve roux.

Patrie : Galam (muséum de Paris, voyage de M. Leprieur) ;
l'Égypte (collect. Deyrolle).

♂ *Jambes* grêles : les *antérieures* sensiblement arquées, munies sur leur arête inférieure d'une saillie en forme de dent, naissant au tiers et se terminant brusquement aux trois cinquièmes de leur longueur. *Jambes intermédiaires* et *postérieures*, à peu près droites et simples. *Quatre premiers articles des tarses antérieurs* dilatés : les deuxième et troisième plus sensiblement que le quatrième et surtout le premier.

AA *Élytres* notablement anguleuses vers la moitié antérieure de leur base ; à côté externe de cette saillie en ligne oblique prolongée dans la même direction jusqu'au bord extérieur du repli ; à quatrième et cinquième stries généralement plus courtes, postérieurement unies et encloses par les voisines : la deuxième liée à la septième ou à la huitième : ces deux dernières inégales, et plus longues l'une ou l'autre et le plus souvent l'une et l'autre, que les quatrième et cinquième. (G. *Opatrinus.*)

α Postépisternums faiblement plus larges dans le milieu qu'aux extrémités, moins de trois fois ou trois fois à peine aussi longs que larges. Côtés de l'antépectus marqués de points non unis en sillons. Dessus du corps glabre.

β Prothorax non rayé d'un sillon longitudinal médiaire.

γ. Rebord latéral du prothorax et des élytres plus ou moins sensiblement festonné. Intervalles des stries des élytres impointillés, ordinairement un peu plus saillants et plus convexes alternativement.   *gemellatus.*

γγ. Rebord latéral du prothorax et des élytres non festonnés. Intervalles des stries des élytres visiblement pointillés, à peu près également convexes.   *laticollis.*

ββ Prothorax longitudinalement arqué ; rayé d'une ligne longitudinale médiaire.   *gibbicollis.*

αα Postépisternums à peu près d'égale largeur, trois fois aussi longs que larges. Côtés de l'antépectus marqués de points le plus souvent unis en sillons.

δ Dessus du corps paraissant glabre à la simple vue.

   ε Intervalles des stries non ridés ; rebord de la base du prothorax plus ou moins interrompu dans son milieu.

      ζ Prothorax non réticuleusement ponctué sur toute sa surface.

         η Prothorax ordinairement plus large vers les deux cinquièmes qu'aux angles postérieurs ; offrant généralement au devant de la base les courtes traces d'un sillon longitudinal médiaire. Intervalles des stries des élytres pointillés. Côtés du ventre assez fortement ponctués.   *anthracinus.*

         ηη Prothorax plus large ou au moins aussi large aux angles postérieurs qu'aux deux cinquièmes ; sans traces de sillon médiaire. Intervalles des stries obsolètement pointillés. Côtés du ventre légèrement ponctués.   *mæstus.*

      ζζ Prothorax réticuleusement ponctué, muni latéralement d'un rebord épais et sensiblement relevé.   *notus.*

   εε Intervalles des stries ridés. Rebord de la base du prothorax entier.   *niloticus.*

δδ Dessus du corps visiblement garni de poils. Rebord de la base du prothorax entier.   *setosus.*

2. O. gemellatus, Olivier.

Oblong ; peu convexe ; noir ; glabre à la vue simple et peu luisant en dessus ; muni sur les côtés du prothorax et des élytres d'un rebord plus ou moins sensiblement festonné. Prothorax arqué sur les côtés. Élytres à stries marquées d'assez gros points (environ quinze à dix-huit sur la quatrième strie). Intervalles impointillés, ordinairement un peu plus convexes et plus saillants alternativement.

Blaps gemellata Oliv. Entom. t. 3. (1795) n° 60 p. 9, 8 pl. 1 fig. 8 (suivant l'exemplaire d'Olivier, existant dans la collection de M. Chevrolat.)

Opatrum clathratum, Oliv. Encyclop. méth. t. 8. (1811) p. 499, 13.

Long. 0,0095 à 0,0112 (4 1/4 à 5 l.) Long. 0,0036 à 0,0048 (1 2/3 à 2 1/8 l.).

Corps oblong ; ordinairement peu convexe ; d'un noir peu

ou point luisant. *Tête* plus finement et plus densement ponctuée sur l'épistome que sur le front ; rayée d'une ligne transversale sur la suture frontale. *Partie médiaire du menton* entaillée à son bord antérieur. *Antennes* brunes, ordinairement d'un brun rouge à l'extrémité. *Prothorax* arqué plus ou moins fortement sur les côtés, en formant une très-légère sinuosité près des angles postérieurs ; offrant vers les deux cinquièmes ou trois septièmes sa plus grande largeur ; muni latéralement d'un rebord saillant, assez épais, ordinairement festonné extérieurement d'une manière plus ou moins sensible ; fortement bissinué à la base, avec les trois cinquièmes médiaires de celle-ci arqués en arrière, moins obtus dans le milieu ; rayé au devant de ladite base d'une ligne constituant un rebord étroit et généralement interrompu dans son milieu ; médiocrement ou assez faiblement convexe ; marqué de points un peu moins denses que la tête, et, comme ceux-ci donnant naissance à un poil très-court, indistinct à la vue, parfois usé ; noté parfois de deux ou quatre fossettes : une, près de chaque bord latéral : une près de la suture ; offrant au devant de l'écusson une légère dépression. *Ecusson* transverse, ou en triangle au moins une fois plus large que long. *Élytres* à angle huméral saillant ; brièvement sinuées après cet angle ; sensiblement élargies jusqu'à la moitié, à peine aussi larges dans ce point que le prothorax vers ses deux cinquièmes, rétrécies faiblement jusqu'aux trois cinquièmes ou deux tiers, en ogive légèrement sinuée postérieurement ; parfois déprimées sur la suture ; à stries médiocres, mais marquées de points d'un diamètre aussi grand à peu près que celui des intervalles (ordinairement vingt à vingt-quatre de ces points sur la deuxième strie). Intervalles imponctués ; glabres ; relevés : les troisième, cinquième et septième en général sensiblement plus saillants que les autres : le septième un peu plus saillant vers l'épaule. *Bord supérieur du repli* faiblement visible en dessus jusqu'aux deux tiers ; plus ou moins légèrement onduleux ou festonné. *Inter-*

valle voisin du repli un peu visible en dessous dans la seconde
moitié. *Prosternum* rebordé. *Côtés de l'antépectus* grossièrement ponctués , avec les parties voisines du bord finement et
parcimonieusement pointillées. *Ventre* marqué d'une fossette
près du bord latéral de chaque arceau. *Tarses* garnis en dessous d'un duvet roussâtre.

Patrie : Cayenne ; la Guadeloupe ; la Colombie; la nouvelle
Grenade (collect. Chevrolat, Deyrolle ; muséum de Paris).

♂ *Jambes de devant* grêles; faiblement arquées ; faiblement
échancrées en dessous depuis la moitié jusqu'à l'extrémité et
garnies de poils dans cette partie. *Quatre premiers articles des
tarses antérieurs* presque également dilatés.

Obs. le *Blaps clathrata* de Fabricius, regardé généralement
comme appartenant à cette espèce, en est très-différent.

3. O. laticollis.

*Oblong ; médiocrement convexe ; noir ; glabre à la simple vue et
mat ou peu luisant, en dessus. Prothorax arqué sur les côtés ; muni
latéralement d'un rebord non festonné. Élytres à stries marquées d'assez
gros points (ordinairement au moins vingt sur la quatrième strie). Intervalles également convexes ; visiblement pointillés.*

Opatrinus laticollis, Latr. inéd. Dsj. catal. (†837) p. 213.

Long. 0,0090 à 0,0107 (4 à 4 3/4) Long. 0,0036 à 0,0043 (1 2/3 à 2 l.)

Corps oblong ; médiocrement convexe ; d'un noir mat ou peu
luisant. *Tête* plus finement et plus densement ponctuée sur l'é-
pistome que sur le front ; rayée d'une ligne transversale sur la
suture frontale. *Partie médiaire du menton* entaillée en devant.
Antennes un peu moins longuement prolongées que les côtés du
prothorax ; brunes ou d'un brun noir, avec l'extrémité souvent
moins obscure ou rougeâtre. *Prothorax* assez fortement arqué
sur les côtés, en formant près des angles postérieurs une assez
faible sinuosité; offrant vers les trois cinquièmes environ sa plus
grande largeur ; muni sur les côtés d'un rebord saillant , assez

épais, à peu près uniforme; fortement bissinué à la base, avec les trois cinquièmes médiaires de celle-ci arqués en arrière, mais un peu obtus dans le milieu, et aussi prolongés que les angles; médiocrement convexe sur le dos, plus ou moins sensiblement en gouttière ou presque plan près du rebord; marqué de points à peine aussi rapprochés que ceux de la tête, et, comme ceux-ci, donnant naissance à un poil très-court, indistinct à la vue; muni à la base d'un rebord étroit, interrompu dans son tiers médiaire, mais ordinairement remplacé par un sillon arqué ou un peu anguleusement avancé; offrant en devant et en arrière, vu à certain jour, des traces plus ou moins légères d'un sillon sur la ligne médiane. *Écusson* à triangle au moins deux fois aussi large que long. *Elytres* à angle huméral assez prononcé, mais sans sinuosité bien marquée après cet angle; élargies sensiblement jusqu'à la moitié ou un peu plus, à peu près aussi larges dans ce point, que le prothorax dans son diamètre transversal le plus grand; en ogive faiblement sinuée dans le dernier tiers; médiocrement convexes; à stries médiocres, marquées de points plus profonds, généralement d'un diamètre aussi large ou moins large que celui des intervalles (le plus souvent au moins vingt de ces points sur la quatrième strie). *Intervalles* visiblement et finement ponctués; glabres; médiocrement ou assez convexes et d'une manière à peu près égale: le troisième seul paraissant ordinairement un peu plus convexe ou plus élevé. *Bord supérieur du repli* un peu visible en dessus presque jusqu'aux trois cinquièmes; non festonné. *Intervalle voisin du repli*, peu ou point visible en dessous. *Prosternum* rebordé. *Côtés de l'antépectus* grossièrement ponctués, et plus densement près des bords *Postépisternums* marqués de points gros et peu épais; un peu plus larges dans le milieu, deux fois et demie environ aussi longs que larges. *Ventre* marqué d'une fossette, près du bord latéral de chaque arceau. *Tarses* garnis en dessous d'un duvet roussâtre.

PATRIE : Nouvelle-Grenade (collect. Chevrolat, Deyrolle).

♂ *Jambes de devant* peu ou point arquées ; garnies en dessous de poils médiocrement allongés sur la seconde moitié de
leur arête inférieure. *Quatre premiers articles* des tarses presque également dilatés.

Obs. Cette espèce se distingue de l'*O. gemellatus* avec lequel
elle a beaucoup d'analogie, par son prothorax non festonné
sur les côtés ; marqué d'une dépression ou d'un sillon court au
devant de la partie médiaire de sa base ; par ses élytres à angle
huméral moins saillant ; peu ou point sensiblement sinuées après
cet angle ; à intervalles visiblement ponctués, moins fortement
relevés et d'une manière presque égale, etc.

4. O. gibbicollis.

*Oblong ; assez convexe ; noir ; glabre à la vue simple et peu luisant en
dessus. Prothorax élargi en ligne courbe jusqu'aux deux cinquièmes, faiblement rétréci ensuite et légèrement sinué avant les angles postérieurs ; gibbeux
ou longitudinalement convexe, rayé d'une ligne médiaire longitudinale.
Élytres à stries marquées de points médiocres ou assez petits (vingt-deux à
vingt-cinq sur la quatrième strie). Intervalles pointillés, uniformément peu
convexes en devant, un peu convexes postérieurement.*

Opatrinus gibbosus Deyrolle *in* litter.

Long, 0,0078 (3 1/2 l.) Long. 0,0039 (1 3/4 l.).

Corps oblong ; médiocrement ou assez convexe ; d'un noir
mat ou peu luisant. *Tête* finement ponctuée ; rayée d'une ligne
assez légère sur la suture frontale. *Partie médiaire du menton*
tronquée ou faiblement entaillée en devant. *Antennes* prolongées
jusqu'au tiers ou un peu plus des côtés du prothorax, d'un
brun roussâtre. *Prothorax* assez fortement élargi en ligne courbe
jusqu'à la moitié, faiblement rétréci ensuite, en offrant une légère sinuosité vers les cinq sixièmes ; muni latéralement d'un
rebord saillant, à peu près uniforme ; assez fortement bissinué
à la base, avec les trois cinquièmes médiaires de celle-ci arqués
en arrière et aussi prolongés que les angles ; rayé en devant de

la base d'une ligne constituant un rebord interrompu dans son milieu; convexe ; longitudinalement arqué; marqué de points un peu moins fins que ceux de la tête, donnant, comme ceux-ci, naissance à un poil très-court, indistinct à la vue ; rayé longitudinalement d'un sillon médiaire très-apparent, à peine ou non prolongé jusqu'à la base. *Écusson* assez petit; en triangle. *Élytres* à angle huméral assez prononcé; non sinuées après cet angle ; assez faiblement élargies jusqu'à la moitié, en ogive légèrement sinuée dans le dernier tiers ; convexes ; à stries assez profondes surtout postérieurement ; marquées de points à peine plus larges que la moitié des intervalles (environ vingt ou vingt-deux sur la quatrième strie). *Intervalles* glabres ou paraissant tels ; pointillés ; uniformément peu convexes en devant, graduellement convexes à leur partie postérieure. *Bord supérieur du repli* invisible en dessus. *Prosternum* rebordé et offrant souvent dans le milieu les traces d'un léger sillon. *Côtés de l'antépectus* marqués de points médiocres ou assez petits, assez serrés près du bord, clairsemés au côté interne. *Postépisternums* presque lisses ; un peu plus larges dans le milieu, près de trois fois aussi longs que larges. *Ventre* pointillé ; garni d'un léger duvet. *Cuisses* brunes : *Jambes* et *Tarses* d'un brun roux : les derniers garnis en dessous d'un duvet roux fauve.

Patrie: la Colombie (collect. Deyrolle).

Nous n'avons vu que l'un des sexes.

Obs. Cette espèce se distingue assez facilement des précédentes par son prothorax longitudinalement convexe, et rayé d'une ligne ou sillon médiaire apparent.

5. O. anthracinus.

Oblong ; peu convexe ; noir ou brun ; paraissant glabre en dessus à la simple vue. Prothorax ordinairement plus large vers les deux cinquièmes ; muni latéralemet d'un rebord assez épais ; ponctué, non réticuleux; offrant au devant de la base les traces plus ou moins faibles d'un sillon longitudinal médiaire. Élytres à stries marquées de points d'un diamètre égal à celui des

intervalles (vingt-deux à vingt-cinq sur la quatrième strie). Intervalles poin-
tillés. Côtés de l'antépectus marqués de points unis en sillons. Côtés du ventre
assez fortement ponctués.

Opatrinus anthracinus , Des. catal. (1837) p. 215 , suivant **MM.** Chevrolat et
Deyrolle).

Long. 0,0100 à 0,0125 (4 1/2 à 5 1/2) Long. 0,0045 à 0,0056 (2 à 2 1/2).

Corps oblong; peu convexe ; noir ou noir brun, peu ou
point luisant. *Tête* assez densement ponctuée sur le front, plus
finement sur l'épistome ; rayée d'une ligne ou d'un sillon sur
la suture frontale. *Partie médiaire du menton* faiblement entaillée en devant. *Antennes* un peu moins longuement prolongées
que le prothorax ; noires ou brunes, souvent moins obscures
vers l'extrémité. *Prothorax* élargi en ligne courbe jusqu'au
tiers ou aux deux cinquièmes de la longueur, ordinairement ré
tréci faiblement de ce point aux angles de derrière ; le plus souvent moins large à ces angles qu'aux deux cinquièmes de sa
longueur ; muni latéralement d'un rebord assez saillant et assez
épais, surtout dans sa seconde moitié ; fortement bissinué à la
base, avec les trois cinquièmes médiaires en arc dirigé en arrière, obtus ou parfois presque tronqué dans son milieu ;
rayé au devant de la dite base d'une ligne constituant un rebord étroit, mais un peu moins au devant des sinuosités, et interrompu dans son tiers médiaire ; peu convexe ; moins finement ponctué que le front, ordinairement en montrant quelque
tendance à la réticulation sur les côtés : ces points comme ceux
de la tête généralement glabres ou n'offrant que dans le fond un
poil indistinct ; offrant généralement, près du bord postérieur,
les traces d'une raie médiane longitudinale, et d'un sillon transverse sur les trois cinquièmes médiaires au devant de la base.
Écusson ponctué ; une fois plus large que long ; le plus souvent
en demi hexagone, ou en triangle à côtés anguleux. *Élytres* à
peine élargies jusqu'aux trois cinquièmes ou aux deux tiers, en
formant une très-légère sinuosité après l'angle huméral, posté-

rieurement rétrécies d'une manière faiblement sinuée, avec
l'extrémité obtuse ; faiblement ou très médiocrement convexes ;
à stries légères et presque réduites sur la majeure partie des
stries, surtout sur celles de la moitié externe, à des rangées
striales de points : ceux-ci d'un diamètre à peu près égal à celui
d'un intervalle (environ 22 à 25 de ces points sur la quatrième
strie). *Intervalles* superficiellement pointillés ; glabres ; presque
plans : le deuxième à partir de la suture souvent déprimé longitudinalement, rendant les première et deuxième stries plus
prononcées et le troisième intervalle légèrement élevé. *Bord
supérieur du repli* en majeure partie un peu visible en dessus.
Dessous du corps et *pieds* d'un noir luisant ; quelquefois d'un
noir brun ou d'un brun noir. *Prosternum* rebordé. *Côtés de l'antépectus* marqués de points assez gros et assez profonds, unis
en sillons. *Postépisternums* superficiellement ponctués ; presque
parallèles, trois fois au moins aussi larges que longs. *Ventre* assez
fortement ponctué. *Tarses* garnis en dessous de poils roux ou
d'un roux fauve.

Patrie : Cuba ; le Mexique ; le Yucatan ; la Nouvelle-Grenade,
(muséum de Paris ; collect. Chevrolat, Deyrolle).

♂ *Jambes antérieures* un peu arquées ; graduellement et
assez faiblement élargies ; à peine échancrées, garnies en dessous, vers l'extrémité, d'un duvet court, roussâtre, et munies d'une
sorte de talon. *Jambes postérieures* faiblement échancrées vers
l'extrémité de leur arête inférieure. *Quatre premiers articles
des tarses* presque également dilatés.

♀ *Jambes* droites, simples. *Tarses* peu dilatés.

Obs. Cette espèce a beaucoup d'analogie avec l'*O. mœstus* ;
elle s'en distingue par une taille un peu moins petite ; le corps
un peu plus large, plus plan ou plus faiblement convexe ; par le
prothorax sensiblement plus large vers les deux cinquièmes
qu'aux angles postérieurs, muni d'un rebord latéral moins étroit,
couvert d'une ponctuation moins fine et souvent presque réticu-

Icuse; par ses élytres à stries moins étroites, à peu près réduites, à
part les trois ou quatre internes, à des rangées de points; par les
points généralement plus gros et moins rapprochés; par les intervalles plus sensiblement pointillés; par les côtés de l'antépectus
marqués de points notablement plus gros et unis en sillons, et
les côtés du ventre moins faiblement ponctués. Les ♂ des deux
espèces sont faciles à distinguer entre eux.

6. O. mœstus.

Oblong; peu convexe; noir ou d'un noir brun; paraissant glabre en des-
sus, à la simple vue. Prothorax plus large vers les angles postérieurs; non
réticuleusement ponctué; muni latéralement d'un rebord peu épais et à peine
saillant; sans trace de ligne médiane au devant de la base. Élytres à stries
marquées de points d'un diamètre égal à celui des intervalles (vingt-deux à
vingt-huit sur la quatrième). Intervalles obsolètement pointillés. Côtés de
l'antépectus marqués de points assez rarement unis en sillons. Côtés du ventre
légèrement ponctués.

Opatrinus mœstus Dɛj. catal. (1837) p. 213, suivant MM. Chevrolat, Deyrolle et
le muséum de Paris.

Long. 0,0090 à 0,0108 (4 à 4 4/5 l.) Long. 0,0036 à 0,0045 (1 1/3 à 2 l.)

Corps oblong; peu convexe; noir, parfois d'un noir brun,
mat ou peu luisant. *Téte* assez densement ponctuée sur le front,
plus finement sur l'épistome; offrant sur la suture frontale un
sillon plus ou moins léger. *Partie médiaire du menton* à peine
entaillée en devant. *Antennes* à peine aussi longuement prolongées que le prothorax; noires à la base, paraissant d'un gris
brun sur les cinq ou six derniers articles, par l'effet du duvet.
Prothorax élargi en ligne courbe jusqu'aux deux septièmes,
parallèle ou presque parallèle ensuite, ordinairement au moins
aussi large ou un peu plus large aux angles postérieurs qu'au
tiers de sa longueur; muni latéralement d'un rebord assez étroit;
peu saillant; assez fortement bissinué à la base, avec les trois
cinquièmes médiaires de celle-ci en arc obtus, ou subéchancré
sur son tiers médiaire; rayé au devant de ladite base d'une ligne

continuant un rebord un peu moins étroit au devant des sinuosités et interrompu sur son tiers médiaire; peu convexe; marqué de points petits, séparés par des intervalles non saillants, glabres ou ne donnant naissance qu'à un poil excessivement court, simulant à la loupe un point brillant; souvent noté, de chaque côté de la ligne médiane, vers les deux tiers, d'une fossette ponctiforme plus ou moins apparente. *Écusson* une fois environ plus long que large; en demi hexagone; ponctué. *Élytres* faiblement ou assez faiblement élargies jusqu'aux trois cinquièmes, en formant une très-légère sinuosité après les épaules, postérieurement rétrécies d'une manière faiblement sinuée avec l'extrémité obtuse; médiocrement convexes; à stries étroites, plus profondes ou moins légères près de la suture jusqu'à la cinquième ou sixième (les première et deuxième surtout): les autres toutefois, non réduites à de simples rangées striales; marquées de points en général oblongs, à peine aussi larges que la moitié des intervalles: ceux des deux premières rangées dépassant à peine la largeur des stries (environ vingt-deux à vingt-huit de ces points sur la quatrième strie). *Intervalles* presque imponctués ou obsolètement pointillés; presque convexes : le deuxième à partir de la suture ordinairement déprimé longitudinalement. *Bord supérieur du repli* en majeure partie visible en dessus. *Dessous du corps* noir, noir brun ou d'un brun rougeâtre. *Côtés de l'antépectus* marqués de points assez petits, peu ou point liés en sillons. *Prosternum* rebordé. *Postépisternums* faiblement ponctués; parallèles, près de quatre fois aussi longs que larges. *Pieds* médiocres; noirs, bruns ou d'un brun rougeâtre. *Tarses* garnis en dessous d'un duvet d'un roux testacé.

Patrie : le Mexique; la Nouvelle-Grenade; le Brésil; le Chili; (muséum de Paris; collect. Chevrolat, Deyrolle).

♂ Jambes de devant sensiblement arquées, grêles à la base, graduellement élargies jusques au milieu de leur longueur, brusquement rétrécies dans ce point sur leur arête inférieure où elles

forment par ce rétrécissement une dent assez forte, presque parallèles ensuite, mais sillonnées au côté inféro-externe. Jambes intermédiaires assez grêles, comprimées, armées d'une forte dent un
peu avant l'extrémité de leur arête inférieure: cette dent ciliée
en dessous. Jambes postérieures grêles, échancrées près de l'extrémité de leur arête inférieure. Deuxième à quatrième articles
des tarses antérieurs très-dilatés : le premier, sensiblement
moins : quatre premiers articles des tarses médiaires dilatés d'une
manière médiocre et presque égale : les postérieurs grêles.

♀ Jambes droites, simples. Tarses antérieurs peu ou médiocrement dilatés : les intermédiaires plus étroits : les postérieurs
grêles.

Obs. La couleur du corps varie suivant le développement de
la matière colorante; habituellement noire, elle se montre quelquefois brune ou même d'un brun rouge dans quelques parties.

7. **O notus** ; Say.

*Oblong; peu convexe; noir; mat et paraissant glabre en dessus, à la
simple vue. Prothorax plus large vers les angles postérieurs ; réticuleusement
ponctué en dessus; muni latéralement d'un rebord saillant, et sensiblement
relevé. Élytres à stries marquées de points plus ou moins allongés ou linéaires sur les premières stries (quinze à vingt cinq sur la quatrième). Intervalles pointillés.*

Tenebrio minimus Palisot de Beauv. Insect. recueill. en Afr. (1805) p. 164 pl.
31. fig. 7. suivant l'exemplaire typique conservé dans la collect. de M. Chevrolat. —
Chevrolat, Ann. de la Soc. entom. de Fr. 2e série, t. 10. (1852) p 636.

Opatrum notum, Say. Descript. of new spec.. of coléopt. Ius. (Journ. of the Acad. of
nat. sc. of Philadelph. t. 5, (1827) p. 237) suivant M. Leconte.

Opatrinus punctatus, Dej. catal. (1837) p. 213, suiv. MM Chevrolat, Deyrolle, etc.
Opatrinus Dejeanii, Solier, *in* mus. paris. teste D. Deyrolle.

Long. 0,0090 à 0,0100 (4 à 4 1/2 l.) Long. 0,0045 (2 l.)

Corps oblong; peu convexe; d'un noir mat, en dessus. *Tête*
densement ponctuée. *Partie médiaire du menton* entaillée en
devant. *Antennes* aussi longuement (♂), ou un peu moins lon-

guement (?) prolongées que le prothorax ; noires, avec les derniers articles moins obscurs. *Prothorax* élargi d'avant en arrière,
d'une manière plus sensible et moins droite dans son premier
tiers et d'une manière à peine sinuée entre la moitié et son
tiers postérieur; muni latéralement d'un rebord épais, surtout
à partir du tiers, saillant, et assez souvent plus sensiblement des
deux aux quatre septièmes ; fortement bissinué à la base, avec
les trois cinquièmes médiaires de celle-ci arqués en arrière,
souvent d'une manière obtuse vers le milieu, généralement
moins prolongé que les angles; rayé, au devant de la base,
d'une ligne constituant un rebord étroit, interrompu dans son
quart ou son tiers médiaire ; très-faiblement convexe ; souvent
déprimé, vers les deux aux quatre cinquièmes, près des bords
latéraux, et rendant par là le rebord latéral plus saillant dans
ce point; ponctué finement, d'une manière presque réticuleuse
ou ayant de la tendance à la réticulation, principalement sur les
côtés: ces points donnant chacun naissance à un poil excessivement
court, indistinct à la vue; ordinairement noté, vers les trois
quarts de la longueur, de chaque côté de la ligne médiane d'une
ligne ou impression transverse, étendue du quart externe jusqu'à la moitié au plus de l'espace compris entre ce quart et la
moitié de l'espace qui le sépare de la ligne médiane. *Écusson*
en demi hexagone, une fois plus large que long ; ponctué densement. *Élytres* presque parallèles jusqu'aux trois cinquièmes,
en formant une très-légère sinuosité vers le quart de la longueur,
rétrécies postérieurement, d'une manière à peine sinuée, avec
l'extrémité obtuse; peu convexes ; à stries généralement assez
faibles (les deux premières plus prononcées), marquées de points
sensiblement moins larges que les intervalles dorsaux ordinairement subarrondis, quelquefois allongés en se rétrécissant postérieurement ou presque linéaires (ordinairement quinze à vingt-
cinq de ces points sur la quatrième strie): la rudimentaire assez
prononcée et formée de points plus ou moins unis. *Intervalles*

pointillés ou marqués de points très-petits, donnant chacun naissance à un poil livide très-court, peu ou point distinct à la vue;
presque plans ou à peine convexes, surtout en devant. *Bord su-*
périeur du repli presque entièrement un peu visible en dessus.
Dessous du corps et pieds d'un noir peu ou point luisant. *Pros-*
ternum rebordé et offrant les traces plus ou moins marquées
d'un sillon médiaire, ordinairement élargi en fossette à sa partie
postérieure. *Côtés de l'antépectus* marqués de points assez gros,
unis en sillons. *Postépisternums* ponctués, parfois réticuleusement; trois fois au moins aussi longs que larges. *Ventre* assez
finement ponctué. *Tarses* garnis en dessous d'un duvet roux
fauve.

PATRIE: diverses provinces de l'Amérique boréale, depuis la
Caroline jusques au nord des États-Unis (muséum de Paris;
collect. Chevrolat, Deyrolle); l'Égypte (Aubé); l'Algérie (Gaubil).

♂ Jambes de devant à peine arquées, simples. Jambes intermédiaires droites, armées d'une petite dent à l'extrémité de leur
arête inférieure. Les postérieures échancrées après les trois
quarts de leur arête inférieure. Quatre premiers articles des tarses antérieurs dilatés : le premier un peu moins que les autres.

♀ Jambes droites, simples, inermes. Tarses antérieurs peu
dilatés, presque égaux aux suivants.

OBS. Cette espèce se distingue facilement de l'*O. anthracinus*
par son prothorax élargi d'avant en arrière, même après le tiers
de la longueur, le plus souvent marqué de deux impressions linéaires transverses; par les stries des élytres moins légères, etc.
Elle a plus d'analogie avec l'*O. mœstus* par la forme du prothorax, mais elle s'en éloigne par ce segment sensiblement élargi
d'avant en arrière à partir des deux cinquièmes, au lieu d'être
presque parallèle; muni d'un rebord plus épais, plus saillant;
marqué de points ayant au moins de la tendance à la réticulation, noté d'impressions transverses, linéaires au lieu d'être
ponctiformes; par les intervalles visiblement pointillés et moins

indistinctement garnis de poils très-courts ; par les côtés de l'antépectus garnis de points moins petits ou plus gros et unis en
sillons. Les ♂ de ces trois espèces sont très-distincts entre eux.

Quelquefois les points des stries sont allongés comme ceux
que formerait la lame d'un canif, et ils donnent aux élytres une
physionomie particulière. Cette variété semble plus particulière
aux provinces méridionales des États-Unis ; mais les ♂ par leur
identité avec ceux de l'espèce typique, viennent attester que ce
n'est là qu'une de ces variations plus ou moins singulières qu'on
retrouve chez beaucoup d'espèces.

Les exemplaires du nord de l'Afrique ne m'ont pas offert de
différences appréciables avec ceux de l'Amérique.

L'épithète de *minimus* donnée par Palisot de Beauvois pouvait
avoir quelque valeur quand il plaçait cet insecte parmi les Ténébrions ; dans le genre *Opatrinus,* elle serait un contresens ; nous
n'avons donc pas pu adopter ce nom, quoique le plus ancien.

8. **O. niloticus.**

*Oblong ; peu convexe ; d'un noir mat, glabre en dessus. Prothorax
élargi jusqu'aux deux cinquièmes, à peu près parallèle ensuite ; muni d'un
rebord médiocrement épais et saillant. Élytres à stries marquées de
points qui crénèlent les intervalles (trente à trente-trois sur la quatrième
strie). Intervalles ridés, pointillés, convexes postérieurement. Côtés de l'antépectus et du ventre marqués de points unis en sillons ou en rides.*

Long. 0,0106 (4 3/4 l.) Long. 0,0039 (1 3/4 l.)

Corps oblong ; peu convexe ; d'un noir mat ou peu luisant.
Tête marquée de points assez petits, serrés et peu enfoncés.
Partie médiaire du menton, peu ou point entaillée en devant.
Antennes à peu près aussi longuement prolongées que les angles
postérieurs du prothorax ; noires. *Prothorax* élargi en ligne
courbe jusqu'aux deux cinquièmes, subparallèle ensuite ; muni
latéralement d'un rebord saillant, médiocrement épais ; assez
faiblement bissinué à la base, avec les trois cinquièmes médiai-

res peu arqués en arrière et un peu moins prolongés que les angles ; rayé au devant de la base d'une ligne constituant un re-bord étroit, uniforme, non interrompu ; assez faiblement con-vexe ; couvert de points aussi serrés que ceux de la tête, plus petits près du bord antérieur que postérieurement.' *Écusson* en triangle à côtés curvilignes ou anguleux ; un peu plus large à la base qu'il est long dans son milieu ; ponctué. *Élytres* presque parallèles ou à peine élargies jusqu'aux trois cinquièmes, pos-térieurement rétrécies d'une manière faiblement sinuée, avec l'extrémité obtuse ; assez faiblement ou médiocrement convexes ; à stries assez profondes, très-prononcées, marquées de points transverses, égaux au tiers ou presque à la moitié des intervalles, séparés les uns des autres par un espace plus grand que leur dia-mètre (environ trente à trente-trois de ces points sur la quatrième strie). *Intervalles* peu convexes en devant, graduellement plus convexes à leur partie postérieure ; assez finement ponctués ; crénelés et comme ridés par les points des stries. *Bord supérieur du repli* en majeure partie visible en dessus. *Dessous du corps* et *pieds* noirs ou d'un noir brun. *Prosternum* rebordé. *Côtés de l'antépectus* marqués de points assez gros, unis en sillons. *Postépisternums* peu profondément ponctués ; plus de trois fois aussi longs que larges. *Ventre* couvert de points assez fins, pres-que disposés en rides longitudinales. (Les tarses antérieurs man-quaient à l'exemplaire que nous avons eu sous les yeux).

Patrie : l'Égypte (collect. Deyrolle).

Obs. Cette espèce se distingue de toutes les précédentes par son rebord basilaire non interrompu, etc.

9. **O. setosus.**

Oblong ; assez faiblement convexe ; brun ou brun noir ; garni en dessus de poils couchés, peu épais, d'un livide testacé. Prothorax offrant sur les deux cinquièmes sa plus grande largeur, muni à la base d'un rebord non interrompu. Élytres à stries médiocrement profondes, peu visiblement

*rayées transversalement. Intervalles à peine convexes ; ponctués ; ruguleux.
Côtés de l'antépectus granuleux, non sillonnés.*

Long. 0,0093 (4 1/8 l.) Long. 0,0039 (1 3/4 l.)

Corps oblong ; assez faiblement convexe ; brun ou d'un brun
noir ; mat ; garni en dessus et en dessous de poils peu épais,
couchés, assez longs, d'un livide tirant sur le testacé. *Tête*
ponctuée ; légèrement sillonnée sur la suture frontale. *Partie
médiaire du menton* non entaillée en devant. *Antennes* presque
aussi longuement prolongées que le prothorax ; noires ou brunes,
avec l'extrémité moins obscure. *Prothorax* élargi en ligne courbe
jusqu'à la moitié environ, faiblement rétréci ensuite en ligne
moins courbe ; muni latéralement d'un rebord étroit, faiblement
relevé, égal ; assez fortement bissinué à la base avec les trois
cinquièmes médiaires un peu obtusément arqués en arrière et
à peu près aussi prolongés que les angles ; rayé, au devant de
la base, d'une ligne légère constituant un rebord étroit, non
interrompu ; assez faiblement convexe ; marqué de points donnant chacun naissance à des poils d'un livide testacé. *Ecusson*
en ogive ; moins long que large. *Elytres* parallèles jusqu'aux
trois cinquièmes ; assez faiblement convexes ; à stries médiocrement profondes, égales au quart ou au cinquième de la largeur
des intervalles, marquées de points ou plutôt de raies transverses
fines, peu apparentes, crénelant à peine les intervalles (plus de
trente-cinq de ces raies sur la quatrième strie). *Intervalles* à
peine convexes ; légèrement ruguleux ; marqués de petits points
donnant naissance à des soies ou poils testacés ou d'un testacé
livide, couchés, peu épais, presque disposés sur deux ou trois
rangées irrégulières sur chaque intervalle. *Bord supérieur du
repli* presque entièrement visible en dessus. *Dessous du corps*
brun ou d'un brun noir ; garni de poils semblables à ceux de
dessus. *Côtés de l'antépectus* granuleux, non sillonnés. *Postépisternums* parallèles ; quatre fois aussi longs que larges. *Pieds*
pubescents.

Patrie : l'Egypte (collect. Deyrolle).

Obs. Ces deux dernières espèces se rapprochent de celles de
la division suivante par leur faciès. Elles en diffèrent par la
disposition de leurs stries.

AAA. *Elytres* coupées, sur la moitié externe de leur base, en ligne obliquement prolongée
dans la même direction jusqu'au bord supérieur du repli ; à quatrième et cinquième ,
et septième et huitième stries simultanément plus courtes que les autres et unies par
paire à leur partie postérieure. (*G. Zodinus.*)

α Côtés de l'antépectus fortement ponctués.
  β Premier, troisième, cinquième et septième inter-
      valles peu ou point sensiblement plus larges et
      plus saillants que les autres.
    γ Prothorax offrant vers les deux cinquièmes sa
        plus grande largeur. Plus de cinquante points
        sur la quatrième strie des élytres.   *ovalis.*
    γγ Prothorax ordinairement un peu plus large ou
        aussi large aux angles postérieurs qu'aux deux
        cinquièmes, à peine sinué. Élytres offrant, des
        trois cinquièmes aux deux tiers, leur plus grande
        largeur.   *servus.*
  ββ Premier, troisième, cinquième et huitième in-
      tervalles des élytres plus larges et un peu plus
      élevés que les autres.   *madagascariensis.*
αα Côtés de l'antépectus impointillés ou à peine poin-
    tillés.   *insularis.*

10. O. ovalis.

*Oblong ou suballongé ; assez faiblement convexe ; noir, mat et garni en
dessus de poils très-courts, peu distincts. Prothorax élargi en ligne courbe
jusqu'aux deux cinquièmes, faiblement ou à peine rétréci ensuite et en ligne
à peu près droite Élytres offrant, vers la moitié ou peu après, leur plus grande
largeur ; sans sinuosité sensible avant l'extrémité ; à stries marquées de
points les débordant à peine (au moins soixante de ces points sur la
quatrième). Intervalles presque égaux ; assez faiblement et médiocrement convexes, un peu en toit ; pointillés. Côtés de l'antépectus fortement et
presque réticuleusement ponctués.*

Opatrinus ovalis, **Dej. Catal.** (1837) p. 213, suivant le muséum de Paris.

Long. 0,0123 à 0,0135 (5 1/2 à 6 l.) Long. 0,0045 à 0,0067 (2 1/2 à 3 l.)

Corps oblong ou suballongé ; assez faiblement convexe ; d'un noir peu ou point luisant. *Tête* et *prothorax* uniformément et comme finement chagrinés ; couverts de points serrés, donnant chacun naissance à un poil court, livide ou livide roussâtre, peu apparent. *Partie médiaire du menton* presque en losange, non échancrée ou anguleuse en devant, aussi longuement (♂) ou un peu moins longuement (♀) prolongée que les angles du prothorax ; noire. *Prothorax* élargi en ligne courbe jusqu'à la moitié environ ou un peu plus, presque parallèle ou très-faiblement rétréci ensuite et ordinairement sans sinuosité sensible ; muni sur les côtés d'un rebord un peu saillant, peu épais, presque uniforme ; assez fortement bissinué à la base, avec les trois cinquièmes médiaires de celle-ci obtusément arqués en arrière et un peu moins prolongés que les angles ; muni à ladite base d'un rebord très-étroit, presque interrompu dans son milieu ; assez faiblement convexe. *Écusson* en triangle à côtés anguleux ; de moitié plus large à la base que long dans son milieu ; ponctué. *Élytres* presque parallèles jusqu'aux trois cinquièmes, rétrécies ensuite d'une manière peu sinuée, avec l'extrémité obtuse ; assez faiblement convexes ; à stries étroites, notées de points les dépassant à peine, séparés par un espace un peu plus grand que leur diamètre (au moins soixante de ces points sur la quatrième strie). *Intervalles* assez superficiellement pointillés ; garnis de poils d'un livide roussâtre, peu apparents, généralement plus courts que l'intervalle des points ; subconvexes en devant, un peu plus sensiblement en arrière, parfois légèrement en toit obtus. *Bord supérieur du repli* presque entièrement visible en dessus. *Dessous du corps* et *pieds* un peu luisants. *Côtés de l'antépectus* marqués de gros points presque unis et parfois unis en sillons. *Prosternum* rebordé, souvent rayé d'un sillon longitudinal médiaire plus ou moins marqué. *Postépisternums* parallèles ; quatre

fois environ aussi longs que larges. *Tarses* garnis en dessous
d'un duvet fauve roux.

PATRIE : le Sénégal (collect. Deyrolle).

♂ Jambes grêles : les antérieures faiblement arquées, simples :
les intermédiaires graduellement et assez faiblement élargies jusqu'à la moitié, subparallèles ensuite, armées d'une petite dent
à l'extrémité postérieure de leur arête inférieure : les postérieures
plus grêles, arquées sur leur tiers ou leurs deux cinquièmes basilaires, échancrées en dessous vers le tiers. Quatre premiers articles des tarses antérieurs dilatés : les deuxième et troisième plus
fortement que le premier surtout : quatre premiers articles des
tarses intermédiaires presque égaux, un peu plus larges que les
intermédiaires. ♀ Jambes droites, simples. Tarses antérieurs
peu et uniformément dilatés.

OBS. Quelques exemplaires des collections que nous avons
eues sous les yeux portaient le nom d'*Opatrinus senegalensis*
DEJEAN.

11 O. servus.

*Oblong ; faiblement convexe ; d'un brun noir, un peu soyeux ; garni en
dessus de poils très-courts, peu apparents. Prothorax élargi en ligne courbe
jusqu'aux deux cinquièmes, puis faiblement et en ligne droite jusqu'aux angles ; marqué de points plus petits et moins rapprochés sur le dos que sur
les côtés. Elytres offrant des trois cinquièmes aux deux tiers leur plus grande
largeur ; à peine sinuées avant l'extrémité ; à stries marquées de points les
débordant à peine (environ cinquante sur la quatrième). Intervalles faiblement et presque également convexes. Côtés de l'antépectus fortement et presque
réticuleusement ponctués.*

Long. 0,0100 à 0,0112 (4 1/2 à 5 l.) Long. 0,0036 à 0,0045 (1 2/3 à 2 l.)

Corps oblong ; peu ou assez faiblement convexe ; brun ou d'un
brun noir, un peu soyeux. *Tête* densement ponctuée, un peu
plus finement sur l'épistome que sur le front, beaucoup plus finement sur le vertex. *Partie médiaire du menton* presque ovalaire, ou rapprochée de cette forme, et non échancrée en

devant. *Antennes* prolongées environ jusqu'aux angles postérieurs (♂); noires. *Prothorax* échancré en arc assez régulier,
en devant, avec les angles avancés en forme de dent; élargi en
ligne peu courbe jusqu'au tiers ou aux deux cinquièmes, très-
faiblement élargi ou subparallèle ensuite; fortement bissinué à
la base, avec la partie médiaire arquée et à peine aussi prolongée en arrière que les angles; muni latéralement d'un rebord
peu ou point saillant, graduellement moins étroit vers les angles
postérieurs; rayé au devant de la base d'une ligne non interrompue, constituant un rebord presque également étroit; peu
convexe; couvert de points assez fins, épais, surtout près des
bords latéraux: chacun de ces points, comme ceux de la tête,
donnant naissance à un poil court. *Ecusson* en demi hexagone,
de moitié plus large que long; ponctué. *Elytres* subparallèles
jusqu'aux deux tiers; à stries très-marquées, étroites, notées de
points ronds, petits, égaux à peine au sixième de la largeur
des intervalles médiaires, très-rapprochés les uns des autres
(environ cinquante de ces points sur la quatrième strie). *Intervalles* finement ponctués: ces points donnant naissance chacun
à un poil très-court; plans ou presque plans en devant, faiblement convexes à leur extrémité. *Bord supérieur du repli* en
partie visible en dessus. *Dessous du corps* un peu luisant. *Prosternum* offrant les traces de trois sillons. *Côtés de l'antépectus*
marqués de points assez gros unis en sillons. *Ventre* finement ponctué. *Postépisternums* parallèles, quatre fois aussi longs
que larges. *Pieds* marqués de points donnant, comme ceux du
ventre, naissance à un poil très-court *Tarses* garnis en dessous
d'un duvet flave roussâtre, en forme de brosse, surtout sur les
tarses antérieurs.

PATRIE : la Guinée (collect. Deyrolle).

♂ Jambes grêles: les antérieures et intermédiaires presque
droites: les postérieures droites; sans dent ni échancrure: celles
de devant garnies d'un duvet flavescent vers l'extrémité de leur

arète inférieure. Quatre premiers articles des tarses dilatés : les
mêmes des intermédiaires presque semblables aux postérieurs.

12. O. madagascariensis.

*Oblong ; faiblement convexe ; noir ou d'un noir brun ; mat et garni en
deesus de poils indistincts, surtout sur les élytres. Prothorax élargi en ligne
courbe jusqu'aux deux cinquièmes, à peine rétréci ensuite et d'une manière
très-légèrement sinuée. Élytres offrant, vers les trois cinquièmes ou un peu
après, leur plus grande largeur ; faiblement sinuées avant l'extrémité ; à
stries marquées de points les débordant faiblement (quarante-cinq à cinquante
de ces points sur la quatrième). Intervalles assez faiblement convexes : les premier, troisième, cinquième et septième plus larges et un peu plus convexes.
Côtés de l'antépectus marqués de points plus nombreux sur leur moitié
interne.*

Long. 0,0100 (4 1/2 l.)Long. 0, 0039 (1 9/4 l.)

Corps oblong ; peu convexe ; d'un noir mat en dessus. *Tête*
densement ponctuée. *Partie médiaire du menton* presque ovalaire. *Antennes* au moins aussi largement prolongées que les angles postérieurs du prothorax ; noires. *Prothorax* élargi en ligne
peu courbe jusqu'aux deux cinquièmes, légèrement rétréci
ensuite en ligne à peine courbe et à peine sinuée près des angles
postérieurs ; muni latéralement d'un rebord étroit à peine saillant
en devant, graduellement moins étroit et plus sensiblement saillant vers les angles postérieurs ; fortement bissinué à la base,
avec la partie supérieure arquée et un peu moins prolongée
en arrière que les angles ; rayé en devant de la base d'une
ligne légère constituant un rebord très étroit ; peu ou très-médiocrement convexe ; densement ponctué : ces points, comme
ceux de la tête, donnant naissance à un poil très-court. *Ecusson*
en demi hexagone ; ponctué. *Elytres* élargies en ligne à peine
courbe jusqu'aux deux tiers de la longueur ; à stries très-marquées ; étroites, notées de points ronds, petits, égaux à peine au
septième de la largeur des intervalles médiaires, séparés les uns

des autres par des intervalles plus courts que leur diamètre
(quarante-cinq à cinquante de ces points sur la quatrième strie).
Intervalles pointillés ou marqués de points petits , presque glabres ou donnant naissance à un poil presque indistinct ; un peu
convexes : le juxta-sutural déprimé : les premier , troisième ,
cinquième et septième sensiblement plus élevés et plus larges.
Bord supérieur du repli en majeure partie visible en dessus.
Dessous du corps un peu luisant; ponctué sur les côtés de l'antépectus. *Prosternum* rebordé. *Postépisternums* parallèles, quatre fois
environ aussi longs que larges. *Tarses* garnis en dessous de poils
d'un roux testacé, en forme de brosse sur les quatre premiers
articles des antérieurs, les trois articles intermédiaires des tarses
suivants , et les deuxième et troisième des tarses postérieurs.

PATRIE : Madagascar (collection Deyrolle).

♂ Jambes asses grêles : les antérieures un peu arquées : toutes
sans dent ni échancrure. Quatre premiers articles des tarses
antérieurs dilatés : le premier un peu moins largement : tarses
intermédiaires un peu moins étroits que les postérieurs.

♀ inconnue.

OBS. L'*Opatrinus madagascariensis* du catalogue Dejean ,
doit se rapporter à cette espèce ou peut-être à la suivante.

13. O. insularis.

*Oblong ; médiocrement convexe ; glabre et d'un noir mat, en dessus. Pro-
thorax élargi faiblement et en ligne peu courbe jusqu'à la moitié , plus faiblement rétréci ensuite : très-finement ponctué. Élytres à stries assez marquées de points qui crénèlent les intervalles (environ trente sur la quatrième).
Intervalles médiocrement convexes, pointillés. Côtés de l'antépectus imponctués
ou peu distinctement pointillés.*

Long. 0,0100 (4 1/2 l) Long. 0,0036 (1 2,3 l.)

Corps oblong ; médiocrement convexe; noir , mat et glabre en
dessus. *Tête* finement ponctuée , rayée sur la suture frontale.
Antennes prolongées à peu près jusqu'aux angles postérieurs du

prothorax ; pubescentes ; noires, avec l'extrémité graduellement
d'un noir grisâtre ; grossissant à partir du sixième article : les
septième à dixième un peu obconiques, plus larges en devant que
longs. *Prothorax* faiblement élargi et en ligne peu courbe jusqu'à la
moitié, un peu plus faiblement rétréci ensuite; muni latéralement
d'un rebord assez étroit, un peu saillant ; assez faiblement
convexe ; très-finement ponctué, avec les intervalles presque
unis. *Ecusson* en triangle ogïval , près d'une fois plus large
que long ; luisant ; assez grossièrement ponctué ; parfois
sillonné sur son milieu. *Elytres* presque parallèles jus u'aux trois
cinquièmes ; médiocrement convexes; à stries rendues plus profondes par la convexité des intervalles ; marquées de points un
peu transverses qui crénèlent les intervalles (environ 28 à 32 de
ces points sur la quatrième s rie). *Intervalles* médiocrement convexes; un peu plus convexes sur la moitié externe que sur l'interne;
finement pointillés : le troisième postérieurement uni au septième et au neuvième. *Bord supérieur du repli* visible en
dessus sur toute sa longueur. *Dessous du corps* un peu luisant ;
lisse ou superficiellement pointillé ur les côtés de l'antépectus ,
plus sensiblement ponctué sur le ventre. *Postépisternums* parallèles , trois fois et demie aussi longs que larges. *Pieds* assez finement ponctués et garnis de poils très-courts, peu distincts ; grêles;
simples (♂ ♀).

Patrie. Madagascar (muséum de Paris; collection Chevrolat).

♂ *Jambes antérieures* à peine arquées ; les *postérieures* légèrement échancrées vers le tiers de l'arête inférieure : *quatre
premiers articles des tarses antérieurs* dilatés : les deuxième à
quatrième plus que le premier.

♀ *Jambes* droites. *Tarses antérieurs* à peine dilatés.

Obs. Cette espèce se distingue facilement des précédentes par
les points des stries séparés longitudinalement par un espace
au moins aussi grand ou plus grand que leur diamètre, par suite
moins nombreux, crénelant les intervalles ; surtout par les côtés

de l'antépectus impointillés ou à peine pointillés. Sous le rapport de ce dernier caractère, elle semble faire le passage au genre *Selinus,* dont elle se distingue par un repli plus étroit, et surtout par la disposition des stries.

Genre *Selinus* , SELINE.

CARACTÈRES. *Elytres* coupées plus ou moins obliquement sur la moitié externe de leur base, ou paraissant telles, pour faire place aux angles postérieurs du prothorax prolongés en forme de large dent. *Antennes* médiocrement comprimées ; offrant les huitième à dixième articles à peine plus larges ou à peine aussi larges que longs. *Prothorax* bissinué à la base : ces sinuosités ordinairement en forme d'angle très-ouvert , quelquefois presque en forme d'arc régulier, mais alors partie antérieure du repli plus large que l'épisternum du médipectus. *Pieds* grêles ou peu épais.

<blockquote>

a Intervalles des stries des élytres passablement convexes: le septième élargi et plus saillant en devant, plus large dans ce point que le sixième. Postépisternums à peu près parallèles, trois fois au moins aussi longs que larges.   *Menouxii.*

aa Intervalles des élytres plans ou faiblement convexes.

β Stries des élytres, entières, non oblitérées vers l'extrémité. Intervalles faiblement convexes: le septième plus étroit en devant que le sixième. Postépisternums plus étroits vers leur extrémité postérieure qu'en devant; moins de trois fois aussi longs que larges.   *planus.*

ββ Stries des élytres oblitérées à l'extrémité. Intervalles des stries des élytres plans. Postépisternums parallèles.   *Lucasi.*

</blockquote>

1. S. Menouxii.

Oblong, presque parallèle depuis la moitié du prothorax jusqu'à celle des élytres ; presque plan longitudinalement, depuis la moitié du prothorax jusqu'à celle des élytres ; d'un noir mat. Prothorax à sinuosités basilaires en arc. Élytres à stries assez profondes, ponctuées (environ cinquante points sur la quatrième): les septième et huitième liées ensemble en devant et avancées très-près de la base. Intervalles impointillés, convexes, non crénelés : le septième sensiblement élargi et plus saillant en devant. Postépisternums presque parallèles, trois fois au moins aussi longs que larges.

Opatrinus extensus, Chevrolat in litter.

Long. 0,0120 (5 1/3 l.) Larg. 0,0045 (2 l.)

Corps oblong ; presque parallèle depuis les deux cinquièmes du prothorax jusqu'aux trois cinquièmes des élytres ; presque plan en dessus depuis la moitié du prothorax jusqu'à celle des élytres ; très-faiblement convexe ; d'un noir mat et un peu soyeux. *Tête* peu convexe ; finement et assez densement ponctuée. *Epistome* échancré assez fortement. *Prothorax* élargi en ligne peu courbe jusqu'aux deux cinquièmes ou un peu plus, presque parallèle ensuite ou plutôt faiblement élargi en formant une longue et très-légère sinuosité entre le milieu et les angles postérieurs ; muni latéralement d'un rebord graduellement moins étroit ou plus épais à partir des deux cinquièmes, convexe, saillant ; à sinuosités basilaires en arc presque régulier ; rayé au-devant de la base d'une ligne constituant un rebord peu étroit, uniforme, non interrompu ; d'un tiers environ plus large à la base que long sur son milieu ; très-faiblement convexe, finement et assez densement ponctué ; marqué d'une dépression longitudinale ou d'un sillon très-léger naissant près des angles de devant et prolongé jusque près des angles postérieurs, plus éloigné, vers la moitié de la longueur du bord externe, vers lequel il se recourbe postérieurement ; noté, au-devant de chaque sinuosité basilaire, d'une dépression avancée presque jusqu'à la moitié. *Ecusson* très-petit ; en triangle une fois plus large qu'il est long dans son milieu ; lisse ou presque lisse. *Elytres* un peu plus larges en devant que le prothorax à ses angles postérieurs ; presque parallèles ou à peine élargies jusqu'aux trois cinquièmes ; faiblement convexes ; à stries très-prononcées, rendues plus profondes par la convexité des intervalles ; marquées de points ou plutôt de courtes raies transverses , qui ne crénèlent pas ou peu visiblement les intervalles lorsqu'ils sont vus en dessus ('environ cinquante de ces points sur la quatrième strie) : les première et deuxième stries presque terminales et postérieurement unies : les troisième et sixième liées, en enclosant les quatrième et cinquième qui sont plus courtes et pareillement unies. *Intervalles* assez faiblement convexes; lisses ou indistinctement pointillés : les premier et troisième un peu plus larges et un peu plus convexes postérieurement : le septième élargi et peu saillant en devant, sensiblement plus large que le sixième à sa partie antérieure. *Dessous du corps* peu luisant; lisse sur les côtés de l'antépectus; *ventre* à peine pointillé. *Postépisternums* presque parallèles; trois fois au moins aussi longs que larges. *Prosternum* rebordé; convexe. *Pieds* grêles. *Cuisses postérieures* droites.

PATRIE : L'Afrique? (collect. Chevrolat.)

♂ Jambes de devant arquées, graduellement et médiocrement élargies, échancrées en dessous après le milieu de la longueur. Jambes intermédiaires et postérieures à peu près droites, simples. Quatre articles des tarses antérieurs dilatés : les deuxième et troisième un peu plus sensiblement que le quatrième et surtout que le premier.

OBS. Cette espèce semble constituer un passage peu sensible du genre précédent à celui-ci.

Nous l'avons dédiée à l'honorable M. Menoux , conseiller honoraire à la cour d'appel , l'un des amis les plus dévoués des sciences naturelles, et qui par un témoignage justement mérité d'estime et de considération, a été appelé à l'honneur, jusqu'à ce jour sans exemple dans notre cité, de présider simultanément l'Académie et tous les autres corps savants qui se glorifient de le compter au nombre de leurs membres.

2. S planus.

Ovalaire; arqué longitudinalement ; d'un noir peu luisant. Prothorax élargi jusqu'aux angles postérieurs. Élytres à stries médiocres, peu distinc-

tement ponctuées : la huitième raccourcie en devant. Intervalles visiblement pointillés, presque plans, non crénelés : le huitième plus étroit en devant que le sixième. Postépisternums inégaux, plus larges en devant, moins de trois fois aussi longs que larges.

Opatrum planum, FABR. Entom. Syst. t. 1. p. 118. 15. — *id.* Syst. Eleth. t. 1, p. 90. 10. (suivant l'exemplaire typique conservé au muséum de Copenhague.)—HERBST. Naturs. t. 5. p. 219. 10. — SCHOENH, Syn. ins. t. 1. p. 123. 18.

Long. 0m,0112 à 0m,0123 (5 à 5 1/2 l.) Larg. 0m,0078 à 0m,0090 (3 1/2 à 4 l.)

Corps ovalaire; longitudinalement en arc un peu déprimé dans son milieu ; faiblement convexe; d'un noir mat. *Tête* densement et finement ponctuée. *Epistome* médiocrement échancré en arc. *Antennes* noires, avec les derniers articles moins obscurs par l'effet de leur pubescence. *Prothorax* élargi d'avant en arrière, plus sensiblement et en ligne un peu courbe jusqu'au tiers, puis plus faiblement et en ligne presque droite ou formant une sinuosité à peine sensible; muni latéralement d'un rebord un peu épais, sensiblement plus saillant ou relevé à partir de la moitié; à sinuosités basilaires assez profondes en forme d'angle très-ouvert; rayé au devant de la base d'une ligne constituant un rebord étroit, plus marqué au devant des sinuosités, et interrompu sur son quart médiaire; une fois environ plus large à la base que long dans son milieu; faiblement convexe, un peu déprimé près des côtés dans sa seconde moitié ; densement et finement ponctué. *Ecusson* trois fois aussi large qu'il est long dans son milieu; arqué en arrière à son bord postérieur; ponctué. *Elytres* un peu plus larges en devant que le prothorax à ses angles postérieurs ; à peine élargies jusqu'à la moitié ou aux quatre septièmes ; faiblement ou assez faiblement convexes ; à stries étroites, très-apparentes et rendues plus prononcées par la convexité médiocre des intervalles ; marquées dans le fond de points à peine apparents : la première postérieurement liée à la neuvième : la deuxième à la septième : la troisième à la sixième ; les quatrième et cinquième plus courtes et encloses par leurs voisines. *Intervalles* assez faiblement convexes ; moins densement et moins finement ponctués que le prothorax ; le septième plus étroit en devant que le sixième. *Bord supérieur du repli* en forme de rebord un peu tranchant et relevé, ordinairement plus saillant en devant. *Dessous du corps* superficiellement ridé près des hanches de devant ; ponctué sur le ventre. *Postépisternums* inégaux ; plus larges en devant, moins de trois fois aussi longs que larges. *Prosternum* rebordé; peu convexe. *Pieds* assez grêles. *Cuisses postérieures* droites.

PATRIE : Sierra Leone (coll. Deyrolle); la Guinée, (coll. Chevrolat ; muséum de Paris); la Sibérie, mais évidemment par erreur (muséum de Copenhague).

♂ *Jambes de devant* arquées, relevées en forme de petite dent vers l'échancrure qui termine leur arête externe ; échancrées en dessous depuis le tiers de la base, en forme d'arc terminé à l'extrémité. *Jambes intermédiaires* simples et faiblement arquées : les postérieures presque droites. *Quatre premiers articles des tarses antérieurs* dilatés, surtout les deuxième et troisième.

♀ *Jambes antérieures et intermédiaires* plus faiblement arquées; simples. *Tarses antérieurs* peu ou pas dilatés.

OBS. Nous avons vu cette espèce inscrite dans diverses collections sous le nom de *Eurynotus lugubris*, SCHOENH.

Elle se distingue du *S. Menouxii* par son corps plus large, plus ovalaire, moins parallèle ; par son prothorax plus sensiblement transverse, près d'une fois plus large à la base que long sur son milieu, offrant généralement les traces d'une ligne longitudinale médiaire ou d'un sillon léger et étroit, moins parallèle et plus sensiblement élargi sur ses deux tiers postérieurs ; par son écusson triangulaire, notablement moins petit ; par ses élytres moins parallèles, à septième strie courbée en dedans vers la base et rétrécissant ainsi le septième intervalle qui, par là, se trouve plus étroit en devant que le précédent, au lieu d'être plus

large, à intervalles presque plans ou peu convexes ; par ses
postépisternums plus étroits vers leur extrémité postérieure. Elle
s'éloigne du *S. Lucasi* par une taille moins grande ; par ses stries
plus prononcées, non oblitérées vers l'extrémité.

5 S. Lucasi.

*Oblong ; longitudinalement arqué ; faiblement convexe ; d'un noir peu
luisant. Prothorax élargi jusqu'aux angles postérieurs ; offrant les traces
d'un sillon longitudinal médiaire et d'un autre près des bords lateraux. Élytres à stries étroites, légères, oblitérées près de la base et sur le sixième postérieur ; chargées, près de l'extrémité, d'une courte carène. Intervalles plans ;
moins finement pointillés que le prothorax.*

Long. 9,0157 (7 l.) Larg. 0,0078 (3 1/2 l.)

Corps ovale oblong ; longitudinalement arqué ; faiblement
convexe ; d'un noir peu luisant. *Tête* pointillée ; sillonnée sur la
suture frontale jusqu'aux joues qui sont sensiblement relevées.
Epistome échancré en arc médiocre. *Menton* à carène médiaire
obtuse, ponctuée, avancée jusqu'au bord antérieur; à carènes latérales formant un angle dans le milieu de leurs côtés. *Antennes*
presque aussi longuement prolongées que les angles postérieurs du
prothorax ; d'un brun rouge ; à troisième article d'un cinquième
seulement plus long que le quatrième. *Prothorax* échancré en
devant en demi-cercle, offrant un angle rentrant assez faible
vers la base interne de chaque angle antérieur ; élargi en ligne
courbe jusqu'à la moitié, presque droite postérieurement ; muni
d'un rebord latéral assez étroit, saillant, convexe, un peu rétréci à ses extrémités ; à sinuosités basilaires très-prononcées
en forme d'angle très-ouvert et un peu obtus ; assez faiblement
et obtusément arqué entre ces sinuosités sur les trois cinquièmes
médiaires de la base, et beaucoup moins prolongé en arrière
que les angles ; muni d'un rebord basilaire très-étroit et non interrompu ; faiblement convexe ; presque superficiellement poin-

tillé ; offrant les traces d'un sillon longitudinal médiaire et d'un
sillon rapproché de chaque bord latéral et dirigé vers les angles de
derrière. *Ecusson* en triangle moins long que large, à côtés curvilignes. *Elytres* à peine plus larges à la base que le prothorax à
ses angles postérieurs ; faiblement élargies en ligne presque droite
jusqu'à la moitié ou un peu plus, en ogive légèrement sinuée
dans les deux cinquièmes postérieurs ; faiblement convexes ;
à stries étroites, légères, oblitérées près de la base et dans le
sixième postérieur de la longueur des élytres, excepté parfois la
première ; marquées de petits points qui ne les débordent pas ou
les débordent à peine (environ soixante sur la quatrième). *Intervalles* moins finement pointillés que le prothorax ; plans : le quatrième ou plutôt la partie oblitérée correspondant au quatrième,
chargé d'une courte carène longitudinale près de l'extrémité. *Bord
supérieur du repli* presque entièrement visible en dessus. *Dessous
du corps* un peu luisant ; lisse ou à peu près sur les côtés de
l'antépectus ; finement ponctué sur le ventre, ruguleux sur les
côtés de celui-ci. *Prosternum* rayé d'une strie parallèle à ses bords
ou comme faiblement rebordé. *Postépisternums* presque parallèles ; trois fois environ aussi longs que larges. *Tarses* grêles.
Cuisses postérieures droites (♂) : les *antérieures* peu renflées.
Jambes grêles : les antérieures et intermédiaires faiblement et
graduellement renflées vers l'extrémité ; les postérieures presque
cylindriques.

PATRIE : l'Asie (muséum de Paris).

♂ *Cuisses postérieures* garnies en dessous d'un duvet court ;
d'un testacé roussâtre. *Jambes antérieures* échancrées sur le
sixième antérieur de leur arête externe ; munies d'une très-petite
dent au bord antérieur de cette échancrure. *Quatre premiers
articles* des tarses antérieurs et intermédiaires dilatés : les
deuxième et troisième des antérieurs un peu plus sensiblement ;
ceux des intermédiaires d'une manière à peu près égale.

♀ Inconnue.

Obs. Cette espèce a de l'analogie pour la forme et la taille avec l'*Eurynotus muricatus* dont elle s'éloigne par les caractères tirés du menton.

Nous l'avons dédiée à M. Lucas, l'un des membres les plus intelligents et les plus actifs de la Société entomologique de France.

TROISIÈME BRANCHE.

LES TRIGONOPAIRES.

CARACTÈRES. *Yeux* non coupés par les joues. *Elytres* non obliquement coupées sur la moitié externe de leur base. *Repli* ordinairement la seule partie visible, quand l'insecte est examiné en dessous, quelquefois cependant laissant voir, au moins dans la moitié postérieure, une partie de l'intervalle voisin. *Pattes* fortes. *Jambes antérieures* de forme variable chez les ♂; plus ou moins élargies de la base à l'extrémité; planes et râpeuses en dessous, au moins chez les ♀.

A ces caractères, on peut ajouter :

Menton à partie médiaire parfois rétrécie d'arrière en avant, ordinairement presque en forme de losange, chargée d'une carène médiaire avancée ou à peu près jusqu'au bord antérieur : celui-ci soit anguleux, soit faiblement entaillé, obtus et presque tronqué; à parties latérales ou ailes plus ou moins apparentes, entaillées à leur bord antérieur. *Pièce prébasilaire* aussi saillante et au moins aussi avancée que les parties latérales. *Antennes* moins longuement prolongées que les côtés du prothorax; épaisses; graduellement comprimées et élargies en approchant de l'extrémité, à partir du septième article ou d'un point plus rapproché de la base.

Les Trigonopaires connus jusqu'à ce jour ont tous une robe noire ou obscure.

Ils peuvent être réduits au genre suivant :

Genre *Trigonopus*, TRIGONOPE (Solier [1]).

(τριγονος, triangulaire ; πους, pied).

CARACTÈRES. Aux précédents on peut ajouter: *Antennes* à troisième article de moitié à peine plus long que les suivants : le quatrième et le cinquième ou parfois quelques-uns des suivants obconiques : les huitième à dixième ordinairement plus larges que longs : le dernier plus grand que le précédent. *Prothorax* muni ordinairement d'un rebord latéral épais ; offrant le plus souvent vers chaque cinquième externe de sa base ou près de ce point un angle rentrant plus ou moins faible et très-ouvert, formé par les extrémités du bord postérieur un peu prolongé en arrière ; quelquefois cependant plus prolongé en arrière dans son milieu qu'à ses angles postérieurs. *Ecusson distinct* ; plus large que long. *Dessous du corps* marqué de rides longitudinales plus ou moins légères ou obsolètes sur les côtés de l'antépectus ou seulement sur ceux des hanches.

OBS. Les espèces ci-après décrites ont toutes les élytres rayées de neuf stries, y comprise celle qui joint le repli : la deuxième postérieurement unie à la septième, plus rarement à la huitième : la troisième à la sixième ; la quatrième à la cinquième : ces deux dernières, par conséquent, plus courtes, égales et unies postérieurement, comme dans la dernière coupe de la branche précédente ; elles offrent, près de l'écusson, les traces plus ou moins apparentes d'une strie rudimentaire.

Ces insectes appartiennent généralement aux parties méridionales de l'Afrique.

____

(1) Solier, dans les cartons du muséum de Paris, avait donné ce nom à quelques-uns de ces insectes ; mais nous ignorons quelles limites il assignait à cette coupe.

α. Angles postérieurs du prothorax plus prolongés ou au moins aussi prolongés en arrière que le milieu de la base.

β. Intervalles des stries des élytres finement mais visiblement chagrinés. Prothorax offrant à la base deux sinuosités assez faibles, en angle très-ouvert.   *capicola.*

ββ. Intervalles des élytres non chagrinés.

γ. Élytres n'offrant pas à l'angle huméral une petite dent dirigée en dehors.

δ. Élytres n'offrant pas vers l'épaule une gouttière sensible entre le bord supérieur du repli et l'intervalle voisin des stries.

ε. Prothorax à peine plus large que les élytres : stries de celles-ci peu distinctement ponctuées. Intervalles plans. Postépisternums densement et presque réticuleusement ponctués.   *marginatus.*

εε. Prothorax notablement plus large que les élytres. Stries de celles-ci visiblement ponctuées. Intervalles sensiblement convexes. Postépisternums parcimonieusement ponctués.   *platyderus.*

δδ. Élytres offrant, vers l'épaule, entre le bord supérieur du repli et l'intervalle voisin des stries une gouttière graduellement rétrécie d'avant en arrière et non prolongée jusqu'à la moitié.

ζ. Rebord des côtés du prothorax plus ou moins écrasé, à peu près égal depuis le septième jusqu'aux cinq sixièmes. Stries des élytres linéaires presque superficielles.   *spinipes.*

ζζ. Rebord des côtés du prothorax saillant, offrant sa plus grande largeur dans la partie médiaire de sa longueur. Élytres à stries étroites ; à intervalles plans, non crénelés.   *lethaeus.*

ζζζ. Rebord des côtés du prothorax n'offrant pas sa plus grande largeur dans la partie médiaire de sa longueur.

η. Intervalle juxta-marginal à peine aussi large que la strie voisine ; stries assez larges et mar-

quées de points assez gros, crénelant les intervalles.

θ. Prothorax offrant visiblement vers la moitié de sa longueur sa plus grande largeur.
Élytres échancrées en arc sur les trois cinquièmes médiaires de leur base, laissant
dans ce point un espace entre elles et la
base du prothorax.   *exaratus.*

θθ. Prothorax à peine plus large ou à peine
aussi large vers la moitié de sa longueur
qu'aux angles postérieurs. Élytres non
échancrées sur les trois cinquièmes médiaires de leur base.   *porcus.*

ι. Élytres creusées de sillons en forme de
gouttière. Bord postérieur du prothorax
à peu près en ligne droite.   *tenebrosus.*

κ. Rebord du prothorax plus étroit près
des angles postérieurs que le huitième
de la largeur de la base.

λ. Intervalles des stries des élytres
crénelés par les points de celles-ci.
Huitième strie non prolongée jus-
qu'à la base.   *typhon.*

λλ. Intervalles des stries peu ou point
sensiblement crénelés par les points
de celles-ci. Huitième strie ordinairement prolongée jusqu'à la
base.   *funebris.*

κκ. Rebord du prothorax aussi large près
des angles postérieurs que le huitiè-
me de la largeur de la base.   *latemarginatus.*

γγ. Élytres offrant à l'angle huméral une petite dent
dirigée en dehors.

μ. Prothorax à rebord latéral inégalement épais.

ν. Rebord du prothorax plus étroit dans le milieu
qu'à ses extrémités. Surface du prothorax im-
pointillée.   *nigerrimus.*

νν. Rebord du prothorax plus large ou plus épais

vers le tiers qu'à ses extrémités. Surface du
prothorax à peine pointillée. *armatus.*

μμ. Prothorax à rebord étroit ou assez étroit et à
peu près égal.

o. Élytres à stries sulciformes, presque aussi
larges que les intervalles : ceux-ci convexes. *longulus.*

oo. Elytres à stries assez profondes ; à intervalles
larges et presque plans, au moins jusqu'à la
moitié. *Chevrolati.*

αα. Angles postérieurs du prothorax moins prolongés
en arrière que la partie médiaire qui est arquée du
côté des élytres

π. Élytres munies d'une petite dent à l'angle
huméral. *Mannerheimii.*

ππ. Élytres sans dent à l'angle huméral.

ρ. Intervalles des stries des élytres imponctués. *morosus.*

ρρ. Intervalles des stries des élytres
ponctués. *Verrauxii.*

1. T. capicola.

*Oblong ; longitudinalement arqué ; noir, terreux. Prothorax à deux si-
nuosités basilaires médiocres ou assez faibles en forme d'angle très-ouvert.
Élytres à stries peu profondes ; marquées de points obsolètes (environ quinze
sur la quatrième strie). Intervalles légèrement convexes ; finement granuleux.*

Long 0,0180 (8 l.) Larg. 0,0078 (3 1/2 l.).

Corps oblong, longitudinalement arqué ; d'un noir mat,
ordinairement terreux. *Tête* ruguleusement ponctuée. *Partie médiaire du menton* entaillée en devant. *Antennes* prolongées à peine
jusqu'aux deux tiers des côtés du prothorax ; grossissant graduellement à partir du cinquième article : les cinq ou six derniers
moniliformes. *Prothorax* élargi en ligne courbe jusqu'aux trois
septièmes, à peu près parallèle ensuite ; muni sur les côtés d'un
rebord saillant, épais, rétréci près des angles postérieurs ; de
deux cinquièmes au moins plus large à ces derniers qu'en devant ;

presque en ligne droite sur les trois cinquièmes médiaires, avec les angles assez faiblement dirigés en arrière ; muni à la base d'un rebord étroit et en partie un peu écrasé ; d'un tiers plus large à son bord postérieur que long dans son milieu ; médiocrement convexe ; assez faiblement en gouttière près des bords latéraux; ruguleusement ponctué. *Elytres* presque parallèles jusqu'à la moitié , faiblement rétrécies jusqu'aux trois cinquièmes ; faiblement ou très-médiocrement convexes; à stries assez légères ou peu profondes, marquées de points assez gros et obsolètes (environ quatorze ou quinze de ces points sur la quatrième strie). *Intervalles* légèrement convexes; finement granuleux. Bord supérieur du repli relevé et formant une étroite gouttière. *Repli* finement granuleux. *Dessous du corps* ridé peu profondément près des hanches antérieures. *Prosternum* sillonné près des bords, creusé d'une fossette sur son milieu. *Postépisternums* un peu élargis dans leur milieu, trois fois environ aussi longs que larges.

PATRIE : Le cap de Bonne-Espérance ; (muséum de Paris ; collection Chevrolat).

♂ *Cuisses* arquées sur leur arête externe : les postérieures , ciliées en dessous. *Jambes* élargies de la base à l'extrémité, les intermédiaires et surtout les postérieures moins sensiblement que celles de devant : les premières , entaillées près de l'extrémité de leur arête inférieure : les postérieures, en ligne peu droite sur leur arête inférieure. *Trois* ou *quatre premiers articles* des tarses antérieurs dilatés, surtout les deuxième et troisième.

♀ Jambes de devant sans échancrure ou entaille. *Tarses antérieurs* sans dilatation.

OBS. Suivant M. Chevrolat, ce serait l'*Eurynotus capicola* du catalogue Dejean.

2. T. marginatus.

Oblong, d'un noir mat un peu luisant. Prothorax élargi en ligne courbe jusqu'aux deux cinquièmes, presque parallèle ou parfois sinu postérieure-

*ment ; muni d'un rebord latéral épais, saillant, graduellement plus large
d'avant en arrière ; en ligne presque droite sur les deux tiers médiaires,
avec les extrémités faiblement dirigées en arrière ; imponctué. Élytres à
stries étroites, très-marquées ; souvent peu distinatement ponctuées. Intervalles plans, imponctués , parfois ridés.*

Platynotus striatus Schoenn. Syn. insect. t. 1, p. 142. 4. pl. 2, fig. 6 (décrit par
Quensel, suivant l'exemplaire typique existant au muséum de Stockholm.)
   Eurynotus marginatus (Wiedemann) Dej. catal. (1837) p. 211.

Long 0,0123 à 0,0146 (5 1/2 à 6 1/2 l.) Larg. 0,0056 à 0,0084 (2 1/2 à 3 3/4 l).

Corps oblong ; plus ou moins obtusément arqué longitudinalement; d'un noir mat ou peu luisant. *Partie médiaire du menton*
non entaillée ou peu distinctement entaillée en devant. *Tête*
obsolètement ou superficiellement pointillée; sillonnée sur le front
et moins fortement ou plus légèrement après les yeux. *Antennes*
prolongées jusqu'aux trois cinquièmes (♀) ou aux deux tiers (♂)
des côtés du prothorax ; noires ou brunes à la base, graduellement
fauves ; grossissant à partir du cinquième article : les derniers
moniliformes. *Prothorax* élargi en ligne courbe jusqu'aux deux
cinquièmes environ , presque parallèle, à peine élargi ou rétréci
ensuite , parfois en offrant une sinuosité plus ou moins légère
avant les angles postérieurs ; muni d'un rebord latéral saillant ,
convexe, épais , graduellement plus large , surtout à partir de la
moitié jusque près des angles postérieurs, où il égale environ un
septième de la moitié de la largeur de la base; en ligne presque
droite sur les deux tiers médiaires du bord postérieur , avec les
extrémités de celui-ci faiblement dirigées en arrière , en formant
chaque sixième externe une légère sinuosité ; rayé au devant de
la base d'une ligne constituant une sorte de rebord basilaire plus
large près des angles , où il se lie au rebord latéral; médiocrement convexe ; imponctué. *Ecusson* transverse, près de trois
fois aussi large que long. *Elytres* à peine moins larges ou aussi
larges en devant que le prothorax; presque parallèles jusqu'aux trois
cinquièmes (♂ (ou à peine élargies dans le milieu ; assez con-

vexes ; à stries étroites , prononcées, marquées de points les débordant à peine ou ne les débordant pas et souvent peu distincts : la huitième ordinairement avancée jusqu'à la base et plus visiblement ponctuée. *Intervalles* plans ; imponctués, parfois pointillés vers l'extrémité ; quelquefois ridés. *Bord supérieur du repli* un peu épaissi vers la base, peu ou point dirigé en dehors, vers l'angle huméral et non en forme de dent ; visible environ jusqu'aux deux cinquièmes, quand l'insecte est examiné en dessus ; ne laissant entre lui et l'intervalle voisin qu'une gouttière nulle ou très-étroite. *Dessous du corps* un peu luisant ; ridé assez légèrement sur les côtés des hanches ; réticuleusement ponctué sur les épimères postérieures ; marqué de rides ponctuées sur les côtés des premiers arceaux du ventre. *Prosternum* rayé d'une strie près de ses bords ; offrant ordinairement une strie médiaire, terminé à son extrémité postérieure par une dépression. *Postépisternums* sensiblement plus larges dans leur milieu ; deux fois et demie ou un peu plus aussi longs que larges. *Pieds* assez robustes. *Cuisses* arquées sur leur arête antérieure, à peu près en ligne droite sur la postérieure. *Jambes* élargies de la base à l'extrémité : les antérieures plus fortement que les autres.

PATRIE : le Cap de Bonne-Espérance (muséum de Paris ; collections Chevrolat, Deyrolle).

♂ *Cuisses de devant* garnies de poils flavescents sur le bord antérieur de leur partie inférieure : les *postérieures* glabres. *Jambes antérieures* entaillées vers les trois quarts ou quatre cinquièmes de leur arête inférieure ou postérieure ; mais non armées d'une dent saillante avant et après cette entaille. *Jambes intermédiaires* sensiblement recourbées en dehors vers l'extrémité de leur tranche externe ; sillonnées sur celle-ci. Quatre premiers articles des tarses antérieurs ovalairement et fortement dilatés (les deuxième et troisième articles plus fortement que les autres) : les mêmes articles des intermédiaires médiocrement dilatés.

♀ *Cuisses* glabres. *Jambes de devant* sans entaille. *Tarses antérieurs* et *intermédiaires* peu ou point dilatés.

Obs. Les stries des élytres toujours très-apparentes sont plus ou moins profondes. Parfois elles sont assez étroites pour ne pas laisser distinguer la ponctuation de leur fond ; d'autres fois elles la laissent plus ou moins apercevoir. Le rebord du prothorax varie un peu de largeur, mais offre généralement sa plus grande largeur un peu avant les angles postérieurs, vers lesquels la rainure qui le limite semble se rapprocher du bord externe et s'affaiblit jusqu'à celle qui forme le rebord basilaire. Nous avons eu sous les yeux un individu offrant une taille un peu plus forte ; le rebord latéral du prothorax pouvait égaler, un peu avant les angles postérieurs, près du cinquième de la moitié de la base ; les stries plus fortes ; les intervalles moins plans ; le bord supérieur du repli laissant entre lui et l'intervalle voisin une très-étroite gouttière. Les jambes antérieures (♂) étaient moins faiblement entaillées, et la partie de l'arête postérieure à l'entaille était sur la même ligne que la partie antérieure de ladite arête, tandis que souvent elle forme par un peu de saillie une sorte de talon ; enfin l'arête externe des jambes intermédiaires était presque plane et un peu plus large ; mais vraisemblablement cet exemplaire qui semblerait à première vue s'éloigner du *T. marginatus* et constituer une espèce particulière (*T. simius*), n'en est qu'une variété.

Nous n'avons pas pu adopter le nom de *striatus*, donné à cette espèce par Schoenherr, la même dénomination ayant été appliquée plus anciennement par Fabricius à un autre *Pédinite*.

3. T. platyderus

Oblong ; d'un noir un peu luisant sur les élytres. Prothorax élargi en ligne courbe jusqu'à la moitié, peu rétréci ou presque parallèle dans la seconde ; muni d'un rebord latéral épais, graduellement élargi à partir de la moitié ; en ligne presque droite à la base ; imponctué. Élytres moins larges en devant que le prothorax presque de toute la largeur du rebord ; à stries très-prononcées et marquées de points crénelant un peu les intervalles : ceux-ci assez faiblement convexes, imponctués.

Long. 0,0123 (5 1/2 l.) Larg. 0,0052 (2 1/3 l.)

Corps oblong; d'un noir plus ou moins luisant sur les élytres. *Tête* très-superficiellement pointillée. *Partie médiaire du menton* non entaillée en devant. *Antennes* prolongées à peine jusqu'aux trois cinquièmes des côtés du prothorax; brunes ou d'un brun rouge graduellement un peu plus clair à l'extrémité; les huitième à dixième articles, en ovale transverse : le onzième de moitié plus grand que le dixième. *Prothorax* élargi en ligne courbe jusqu'à la moitié, presque parallèle ou moins sensiblement rétréci dans la seconde; muni d'un rebord latéral épais, saillant, plus convexe dans sa première moitié, graduellement plus large dans la seconde, égal environ vers les angles postérieurs au sixième de la moitié de la base ; en ligne presque droite à la base, faiblement dirigée en arrière sur chaque cinquième externe ; muni d'un rebord basilaire rétréci graduellement depuis l'angle postérieur jusqu'à la faible sinuosité ou un peu plus , très-étroit dans sa partie médiaire ; médiocrement convexe ; imponctué. *Ecusson* presque en demi cercle. *Elytres* moins larges en devant que le prothorax, presque de toute la largeur du rebord ; presque parallèles jusqu'aux trois cinquièmes (♂); à stries très-prononcées et marquées de points qui crénèlent un peu les intervalles (environ trente-huit sur la quatrième) : la huitième non avancée jusqu'à la base. *Intervalles* imponctués ; faiblement ou assez faiblement convexes , surtout en devant. *Bord supérieur du repli* entièrement un peu visible en dessus ; non séparé de l'intervalle voisin par une gouttière, à sa partie antérieure. *Dessous du corps* marqué sur les côtés de l'antépectus de rides imponctuées, peu rapprochées; plus légèrement ridé sur les côtés du ventre. *Prosternum* plan, rayé d'un strie près de ses bords latéraux.

Postépisternums parcimonieusement et faiblement ponctués; sensiblement plus larges avant le milieu ; deux fois et demie aussi longs que larges. *Pieds* robustes. *Cuisses* épaisses; arquées sur leur arête antérieure. *Jambes* élargies de la base à l'extrémité : les antérieures, égales à celles-ci aux deux cinquièmes de leur longueur : les intermédiaires et postérieures moins dilatées.

Patrie : l'Afrique ? (muséum de Paris).

♂ *Cuisses antérieures* ciliées de roussâtre sur le bord de leur arête antéro-postérieure. *Jambes de devant* échancrées et entaillées vers les deux tiers de leur arête inférieure : cette entaille suivie et plus sensiblement précédée d'une dent. *Jambes intermédiaires* largement sillonnées sur les trois cinquièmes postérieurs de leur côté externe ; le bord interne de ce côté dilaté, et d'une manière plus sensible vers le milieu de la longueur. Deuxième et troisième articles des tarses de devant fortement dilatés : les quatre premiers des intermédiaires presque également et assez faiblement dilatés.

♀ Inconnue.

Obs. Cette espèce a beaucoup d'analogie avec le *T. marginatus*, mais elle a les stries des élytres moins étroites, très-distinctement ponctuées ; les intervalles sensiblement convexes. Le ♂ a d'ailleurs l'échancrure des jambes de devant précédée et suivie de dents saillantes ; il est surtout très-distinct de celui du *marginatus* par la forme de ses jambes intermédiaires.

4. T. spinipes.

Oblong ou suballongé ; d'un noir peu luisant. Prothorax faiblement élargi en ligne courbe jusqu'au tiers, subparallèle ensuite ; muni d'un rebord latéral assez épais, plus ou moins écrasé, presque égal du cinquième aux six septièmes ; en ligne droite sur les quatre septièmes médiaires de la base, avec les extrémités dirigées en arrière ; imponctué. Élytres à stries linéaires très-légères, à peine ponctuées. Intervalles superficiellement pointillés. Bord supérieur du repli laissant aux épaules entre lui et l'intervalle voisin, une gouttière graduellement rétrécie jusqu'aux deux cinquièmes.

Long. 0,157 (7 1/2 l.) Larg. 0,0070 (3 1/8 l.)

Corps oblong ou suballongé ; assez faiblement convexe; d'un
noir peu luisant. *Tête* imponctuée. *Partie médiaire du menton*
non entaillée en devant. *Antennes* prolongées à peine au delà
de la moitié ou jusqu'aux trois cinquièmes des côtés du prothorax ; noires , avec la moitié du dernier ou des derniers articles
fauve. *Prothorax* élargi en ligne peu courbe jusqu'au tiers environ, presque parallèle ou à peine élargi postérieurement; muni
latéralement d'un rebord assez large et presque égal depuis le
cinquième jusque près des angles postérieurs , écrasé et peu
saillant jusqu'aux trois cinquièmes , plus sensiblement convexe
et un peu plus saillant à partir de ce point ; en ligne droite sur
les quatre septièmes médiaires de la base, sensiblement dirigé
en arrière à ses extrémités, en formant , vers chacun des trois
septièmes externes, un angle rentrant très-ouvert ; muni d'un
rebord basilaire non interrompu ; très-médiocrement convexe ;
imponctué. *Ecusson* en triangle, près de trois fois aussi large que
long. *Elytres* égalant en devant la largeur du prothorax ou à
peine plus larges ; un peu émoussées à l'angle huméral ; parallèles jusqu'aux trois cinquièmes ; assez faiblement convexes; à
stries linéaires très-légères, parfois plus superficielles ou affaiblies
et peu distinctes à leur extrémité ; marquées de points oblongs
peu rapprochés, ne les débordant pas, peu distincts. *Intervalles*
obsolètement pointillés ; offrant parfois des rides superficielles ou
presque indistinctes. *Bord supérieur du repli* un peu épais vers
les épaules ; offrant entre lui et l'intervalle voisin des stries des
élytres, une gouttière prolongée en se rétrécissant graduellement,
jusqu'aux deux cinquièmes des élytres. *Dessous du corps* à
peine ridé près des hanches, lisse sur le reste des côtés de l'antépectus. *Postépisternums* légèrement rayés de rides un peu
entrecroisées ; sensiblement plus larges vers les deux cinquièmes;
deux fois et demie environ aussi longs que larges. *Côtés des*

premiers arceaux du ventre ridés. *Prosternum* rayé d'une strie peu profonde près de ses bords, offrant les traces d'une strie médiaire parfois terminée par une fossette peu profonde. *Pieds* robustes. *Cuisses* épaisses ; arquées sur leur partie antérieure.

PATRIE : l'Afrique, (muséum de Paris, voyage de M. Delalande).

♂ *Cuisses antérieures* plus épaisses; planes sur les deux tiers antérieurs de leur partie inférieure; garnies d'une frange de poils d'un roux testacé au bord antérieur de cette sorte de gouttière. *Cuisses postérieures* garnies en dessous d'un duvet court et d'un roux testacé. *Jambes de devant* triangulairement élargies jusqu'aux deux tiers de leur tranche postérieure ou inférieure, brusquement rétrécies et parallèles ensuite , offrant ainsi vers les deux tiers une dent très-prononcée ; ornées à l'extrémité de leur côté interne de deux éperons spiniformes : l'antérieur arqué, plus long que le deuxième article des tarses : l'autre, droit, moins long et moins fort. *Jambes intermédiaires* arquées à la base, et un peu en sens contraire sur leur moitié postérieure , planes et larges sur leur tranche externe. Deuxième et troisième articles des tarses antérieurs très-fortement : les mêmes des intermédiaires, médiocrement dilatés.

♀ Inconnue.

5. T. lethaeus.

Suballongé, presque plan sur la majeure partie médiaire de sa longueur; d'un noir un peu luisant. Prothorax presque parallèle à partir des deux cinquièmes ou de la moitié ; muni latéralement d'un rebord épais, saillant, rétréci à ses deux extrémités ; en ligne presque droite sur les trois cinquièmes médiaires de sa base, avec les extrémités un peu dirigées en arrière ; superficiellement pointillé. Élytres à stries étroites, marquées de points les débordant à peine : la juxta-marginale formant une gouttière presque aussi large que l'intervalle voisin. Intervalles plans, impointillés.

Long. 0,0112 à 0,0113 (5 à 5 1/2 l) Larg. 0,048 à 0,0056 (2 1/8 à 2 1/2 l.)

Corps suballongé; médiocrement ou assez faiblement convexe; noir, un peu luisant sur la tête et le prothorax, mat ou peu lui-

sant sur les élytres. *Tête* pointillée ; marquée ordinairement sur
la suture frontale d'un sillon généralement plus profond ou moins
léger à ses extrémités ; obsolètement sillonné après les yeux.
Partie médiaire du menton peu ou point entaillée en devant.
Prothorax médiocrement élargi en ligne peu courbe jusqu'aux
deux cinquièmes, à peu près parallèle ensuite ; muni sur les
côtés d'un rebord saillant, épais, rétréci à ses deux extrémités ;
presque en ligne droite sur les trois cinquièmes médiaires de la
base, arqué et plus prolongé en arrière aux angles postérieurs ;
rayé au bord postérieur d'une ligne peu apparente, joignant
presque ce bord, oblitérée ou presque oblitérée dans sa moitié
médiaire ; d'un tiers à peu près plus large en arrière que long
dans son milieu ; assez faiblement convexe ; plus superficiellement et au moins aussi finement pointillé que la tête ; offrant de
chaque côté du rebord latéral une gouttière ou sillon étroit, formé
par la saillie de ce bord. *Elytres* à stries étroites ; médiocrement
profondes ; marquées de points petits et qui les débordent à peine ;
la huitième, nulle sur le dixième antérieur. *Intervalles* plans ;
impointillés ; six fois à peu près aussi larges que les stries. *Bord
supérieur du repli* en ligne droite ou non incourbée, en devant,
laissant à sa partie antérieure entre lui et les huitième et neuvième intervalles réunis en un seul, une gouttière à peu près
aussi large que ces derniers *Repli* imponctué. *Dessous du corps*
luisant ; finement ridé près des hanches antérieures, et moins
finement sur les côtés du ventre. *Prosternum* étroitement rebordé ; ordinairement assez largement et peu profondément
sillonné longitudinalement sur son milieu. *Postépisternums*
presque parallèles ; trois fois environ aussi longs que larges.
Cuisses intermédiaires ponctuées : les *postérieures* pointillées :
ces petits points donnant chacun naissance à un poil roussâtre
parfois usé. *Tibias intermédiaires* râpeux sur tout leur côté
externe : les *postérieurs*, seulement dans leur tiers postérieur.

    Patrie : L'Afrique, (collection Deyrolle).

♂ *Cuisses* arquées sur leur arête antérieure; toutes glabres sur
leur arête inférieure. *Jambes* droites : celles de devant plus
fortement élargies, échancrées et garnies de poils roussâtres sur
les deux derniers cinquièmes de leur arête inférieure, armées
d'une épine au milieu de cette échancrure. *Quatre premiers
articles des tarses antérieurs* élargis en forme de palette ovale :
les suivantes grêles.

♀ *Cuisses* très-faiblement arquées : les *intermédiaires* plus
faiblement ponctuées et moins visiblement pubescentes. *Jambes de
devant* plus faiblement élargies que chez le ♂, sans épine et sans
échancrure en dessous. *Tarses* grêles.

6. T. exaratus.

*Oblong; obtusément arqué; d'un noir peu luisant. Prothorax arqué
sur les côtés, offrant vers le milieu sa plus grande largeur; muni latéralement d'un rebord épais, saillant, sensiblement élargi dans sa seconde moitié;
en ligne à peu près droite à la base; impointillé; creusé près du rebord latéral d'un sillon rugueusement ponctué. Élytres à stries profondes, marquées
de points rapprochés crénelant les intervalles : la juxta-marginale en gouttière en devant. Intervalles assez convexes, surtout postérieurement, impointillés : le neuvième à peine plus large que la strie voisine.*

Long. 0,0112 à 0,0117 (5 à 5 1/2 l.). Larg. 0,0056 (2 1/2 l.)

Corps oblong; obtusement arqué longitudinalement; noir ou
d'un noir brun; peu ou à peine luisant. *Tête* ponctuée ou pointillée d'une manière fine, légère et un peu ruguleuse; offrant
seulement sur la partie de la suture frontale voisine des joues les
traces d'un sillon. *Partie médiaire du menton*, peu ou point
entaillée en devant. *Antennes* prolongées à peine au delà de la
moitié des côtés du prothorax; brunes avec les derniers articles
un peu moins obscurs; grossissant à partir du sixième article.
Prothorax arqué sur les côtés, c'est-à-dire élargi en ligne courbe jusqu'à la moitié ou un peu moins, rétréci ensuite en ligne
courbe; muni latéralement d'un rebord saillant, convexe, assez

épais, et plus sensiblement à partir de la moitié jusqu'aux angles postérieurs près desquels il se rétrécit un peu ; en ligne droite à la base, ou à peine dirigé en arrière à partir de chaque septième externe de la largeur ; muni à celle-ci d'un rebord plus étroit dans les deux tiers médiaires et non interrompu ; médiocrement convexe ; imponctué ; creusé sur les côtés du rebord latéral d'une sorte de gouttière formée ou rendue plus marquée par la saillie de ce rebord. *Ecusson* en triangle trois fois aussi large que long. *Elytres* parfois échancrées en arc dans les trois cinquièmes médiaires de leur base, et laissant dans ce point un intervalle entre elles et le bord postérieur du prothorax qui est en ligne droite ; aussi larges en devant que ce dernier à ses angles postérieurs, moins larges que lui dans son milieu ; à angle huméral prononcé; presque parallèles ou à peine rétrécies jusqu'aux trois cinquièmes ; médiocrement convexes ; à stries un peu plus profondes en arrière, marquées de points séparés par une espace moindre que leur diamètre, et qui crénèlent les intervalles. Ceux-ci imponctués; marqués de rides plus ou moins faibles ; faiblement convexes en devant, plus convexes postérieurement ; le neuvième faiblement plus large qu'une strie, raccourci en devant ou lié au huitième vers le sixième ou le cinquième de la longueur. *Bord supérieur du repli* invisible en dessus à partir des deux cinquièmes ; laissant en devant entre lui et le neuvième intervalle une gouttière égale à peu près en largeur à ce dernier et prolongé en se rétrécissant jusqu'au cinquième ou un peu plus de la longueur des élytres. *Dessous du corps* luisant; ridé sur les côtés des hanches de devant, et d'une manière à peine aussi marquée sur les côtés de l'abdomen. *Prosternum* rebordé ; garni de quelques poils assez longs. *Postépisternums* plus larges dans le milieu, deux fois et demie aussi longs que larges. *Pieds* assez robustes. *Cuisses* sillonnées en dessous : les antérieures et intermédiaires marquées de points fins, peu épais, un peu râpeux, donnant chacun naissance à un poil: les posté-

rieures presque lisses et presque glabres. *Jambes* assez fortement
élargies à l'extrémité : les antérieures finement ponctuées ; les
intermédiaires marquées de gros points dans la seconde moitié de
leur côté externe : les postérieures seulement vers l'extrémité.

PATRIE : le cap de Bonne-Espérance ; (collection Deyrolle.)

♂ *Cuisses* arquées dans leur arête antérieure : les antérieures
et intermédiaires arquées en sens contraire sur l'arête inférieure :
les postérieures en ligne droite : celles de devant et celles de derrière garnies en dessous d'un duvet peu épais. *Jambes* grêles à
la base ; à éperons plus divergents que dans les autres espèces ;
les antérieures un peu plus larges à leur extrémité que les intermédiaires et à peu près autant que les postérieures, incourbées à
leur arête inférieure : les postérieures grêles presque jusqu'à la moitié de leur longueur et plus sensiblement dilatées à partir de ce
point. *Quatre premiers articles des tarses antérieurs* assez faiblement dilatés en forme de palette ovale oblongue, garnis de duvet, mais non de ventouse en dessous.

♀ inconnue.

OBS. Suivant M. Deyrolle, ce serait l'*Eurynotus exaratus* du
catalogue Dejean.

7. T. porcus.

Oblong ; obtusément arqué longitudinalement, d'un noir peu luisant.
Prothorax à peine plus large ou aussi large vers sa moitié qu'aux angles
postérieurs ; muni latéralement d'un rebord épais, saillant, faiblement
élargi dans sa seconde moitié ; en ligne à peu près droite à la base, impoin-
tillé, mais creusé près du rebord latéral d'un sillon rugueusement ponctué.
Élytres à stries profondes, marquées de points assez gros, presque contigus,
crénelant les intervalles : la juxta-marginale en gouttière en devant. Inter-
valles assez convexes, surtout postérieurement ; impointillés : le neuvième
à peine plus large que la strie voisine.

Long. 0,0123 (5 1/2 l.) Larg. 0,0056 (2 1/2 l.)

Corps oblong ; presque plan longitudinalement sur la majeure partie médiaire de sa longueur ; peu ou très-obtusément

arqué longitudinalement ; d'un noir peu luisant. *Tête* superficiellement et finement ponctuée ; sillonnée peu profondément sur le front ; quelquefois notée de deux fossettes légères près du bord antérieur. *Partie médiaire du menton* subarrondie en devant. *Antennes* prolongées jusqu'aux deux tiers environ des côtés du prothorax ; noires, avec les derniers articles moins obscurs ; garnies de poils roussàtres ; grossissant à partir du quatrième ou du cinquième article : ceux-ci moniliformes. *Prothorax* élargi en ligne courbe jusqu'aux deux cinquièmes ou un peu plus, presque parallèle ensuite ; muni latéralement d'un rebord saillant, graduellement un peu plus épais jusqu'aux angles postérieurs ou près de ceux-ci ; en ligne à peu près droite, à la base ; muni à celle-ci d'un rebord étroit, lié ou à peu près à angle droit avec celui des côtés ; d'un tiers environ plus large en arrière que long dans son milieu ; médiocrement convexe ; imponctué, excepté près des bords latéraux, en espèce de gouttière près de ceux-ci par l'effet de la saillie du rebord. *Écusson* trois fois au moins aussi large que long. *Elytres* aussi larges à la base que le prothorax même dans son milieu ; presque parallèles jusqu'aux trois cinquièmes ; médiocrement convexes ; à stries un peu moins profondes et moins larges en devant qu'en arrière ; marquées de points contigus ou presque contigus qui crénèlent un peu les intervalles. *Intervalles* impointillés ; marqués de rides transversales plus ou moins faibles ; presque plans en devant, convexes postérieurement : le neuvième oblitéré en devant. *Bord supérieur du repli* invisible en dessus depuis le tiers jusqu'aux quatre cinquièmes environ ; laissant entre lui et le huitième intervalle un espace formant une gouttière d'une largeur presque double de celui-ci, prolongée en se rétrécissant, au moins jusqu'au tiers des élytres. *Repli* imponctué. *Prosternum* rebordé. *Dessous du corps* luisant. *Côtés de l'antépectus* sillonnés longitudinalement près des hanches, ainsi que les côtés de l'abdomen. *Postépisternums* plus larges vers le milieu ; deux fois et demie

aussi longs que larges. *Cuisses* arquées sur leur arète antérieure :
celles de devant faiblement renflées en dessous : les intermédiaires et postérieures à peu près en ligne droite: toutes sillonnées
sur leur arète inférieure: les antérieures et intermédiaires marquées de points fins, peu épais, un peu râpeux, donnant chacun
naissance à un poil : les postérieures presque lisses et presque
glabres. *Jambes* grèles à la base, dilatées de la base à l'extrémité:
les antérieures plus fortement que les intermédiaires et à peine
p'us que les postérieures : les premières finement ponctuées sur
leur côté externe: les intermédiaires marquées de gros points sur
leur seconde moitié : les postérieures seulement près de l'extrémité.

PATRIE : le Cap de Bonne Espérance ; (collect. Chevrolat.)

♂ *Cuisses postérieures* marquées de chaque côté du sillon de
l'arète inférieure d'une rangée de points donnant naissance à un
poil fin. *Jambes* antérieures incourbées ou arquées sur leur arète
inférieure : les postérieures à peu près graduellement élargies de
la base à l'extrémité. *Quatre premiers articles* des tarses de
devant médiocrement ou assez faiblement dilatés, surtout les
premier et quatrième; garnis en dessous de duvet, mais ne
formant pas des espèces de ventouses.

♀ *Cuisses postérieures* glabres en dessous. *Jambes de devant*
à peine incourbées. *Tarses* non dilatés.

OBS. Cette espèce a tant d'analogie avec le *T. exaratus* qu'elle
semblerait ne devoir constituer avec celui-ci qu'une seule espèce.
Elle paraît néanmoins s'en distinguer, à en juger par les exemplaires que j'ai eu sous les yeux, par son prothorax presque
parallèle dans sa seconde moitié; par ses élytres s'appuyant
contre le prothorax sur toute la largeur de leur base; par la
différence existant entre la structure des jambes postérieures
des ♂.

8. **T. tenebrosus.**

Suballongé ; peu ou point arqué longitudinalement ; d'un noir mat. Pro-thorax offrant vers la moitié sa plus grande largeur, faiblement rétréci ensuite ; muni latéralement d'un rebord épais, saillant, plus large vers les deux cinquièmes qu'à ses extrémités ; à peu près en ligne droite à la base ; finement ponctué. Élytres à sillons égaux aux intervalles : ceux-ci rugu-leux, garnis de petits points tuberculeux à peine distincts.

Long. 0,0180 (8 l.) Larg. 0,0076 (3 2/5 l.)

Corps suballongé ; assez faiblement ou très-médiocrement con-vexe ; d'un noir mat. *Tête* densement et assez finement ponctuée. *Partie médiaire du menton* arrondie et faiblement entaillée en devant. *Antennes* un peu moins longuement ou à peine aussi longuement prolongée que la moitié des côtés du prothorax ; noires. *Prothorax* élargi en ligne courbe jusqu'aux trois sep-tièmes, rétréci ensuite faiblement en ligne presque droite ; muni latéralement d'un rebord saillant, assez épais vers les deux cin-quièmes ou un peu plus, graduellement et faiblement rétréci à ses deux extrémités ; en ligne presque droite et à peine trisinué à la base ; sans rebord marqué ou peu distinctement rebordé à cette dernière ; médiocrement ou très-médiocrement convexe ; faiblement arqué longitudinalement ; marqué, comme la tête, de points assez petits et rapprochés, séparés par des espaces peu lisses. *Écusson* deux fois et demie au moins aussi large qu'il est long dans son milieu ; arqué en arrière à son bord postérieur ; ponctué. *Élytres* parallèles jusqu'aux trois cinquièmes, posté-rieurement rétrécies d'une manière à peine sinuée, avec l'extré-mité obtuse ; assez faiblement convexes ; ruguleuses ; garnies de points tuberculeux à peine saillants et percés la plupart d'un petit trou au sommet, vus à une forte loupe ; creusées de sillons à peu près égaux aux intervalles, non ponctués et graduellement rétrécis à partir du milieu. *Intervalles* internes, médiocrement convexes, ceux de la moitié externe un peu plus étroits, presque en toit : le troisième plus large que les autres. *Bord supérieur du repli* visible à peu près sur presque toute sa longueur, en dessus. *Dessous du corps* garni, principalement sur le milieu de la partie pectorale, de poils roussâtres peu épais ; sillonné près des hanches antérieures et sur les côtés du ventre. *Prosternum* rebordé, granuleux ou rugueux sur sa surface. *Cuisses* assez grossièrement ponctuées. *Postépisternums* assez grossièrement ponctués ; un peu plus larges sur le milieu ; près de trois fois aussi longs que larges.

PATRIE : le Cap de Bonne-Espérance, (collect. Chevrolat.)

♂ *Cuisses intermédiaires* et *postérieures* sensiblement arquées sur leur arête antérieure ou externe, cananiculées et garnies d'un duvet roux sur l'inférieure. *Jambes intermédiaires* et *postérieures* régulièrement et moins fortement élargies : les postérieures, ciliées de roux fauve sur la seconde moitié de l'arête inférieure. *Quatre premiers articles des tarses antérieurs* peu ou point dilatés ; à peine plus larges que les intermédiaires.

OBS. Suivant M. Chevrolat, ce serait l'*Eurynotus tenebrosus* du catalogue Dejean.

9. **T. typhon**.

Oblong ; peu ou point arqué longitudinalement ; d'un noir peu luisant. Prothorax à peu près parallèle dans sa seconde moitié ; muni latéralement d'un rebord saillant, presque uniformément épais, presque plan en devant, convexe postérieurement ; non rebordé et en ligne à peu près droite sur les trois cinquièmes médiaires de sa base, avec les extrémités dirigées en arrière; impointillé. Élytres à stries profondes, marquées de points crénelant les intervalles: ceux-ci impointillés, assez convexes, trois fois plus larges que les stries. Bord supérieur du repli graduellement dirigé en dehors d'arrière en avant à l'angle huméral ; formant à celui-ci une gouttière plus large que l'intervalle voisin et au moins prolongée jusqu'au quart de la longueur des stries.

Long. 0,0100 (4 1/2 l.) Larg. 0,0045 (2 l.)

Corps oblong ; faiblement convexe ; noir, peu luisant en

dessus. *Tête* superficiellement pointillée ; creusée sur la suture
frontale d'un sillon léger ou peu marqué sur la partie médiaire,
assez profond à ses extrémités, non prolongé jusqu'aux bords
latéraux de l'épistome qui sont sensiblement relevés ainsi que les
joues. *Partie médiaire du menton* arrondie et non entaillée
en devant. *Antennes* à peu près prolongées jusqu'aux trois
cinquièmes ou un peu plus des côtés du prothorax ; noires avec
les derniers articles d'un noir brun ; grossissant à partir du
sixième article : les cinquième à dixième plus larges que longs.
Prothorax médiocrement élargi en ligne courbe jusqu'aux deux
cinquièmes environ, à peu près parallèle ensuite ; muni latéralement d'un rebord presque uniformément épais, un peu rétréci
près des angles de derrière, saillant, presque plan sur la majeure partie de sa longueur, un peu convexe postérieurement ;
presque en ligne droite sur les trois cinquièmes de sa base,
courbé aux extrémités de celle-ci, avec les angles prolongés en
arrière ; offrant sur les côtés de son bord postérieur les traces
d'une raie basilaire, convexement déclive et sans traces de cette
raie sur les trois cinquièmes médiaires ; très-médiocrement convexe ; creusé d'une rainure assez profonde servant de limite au
rebord ; impointillé. *Élytres* à peine plus larges en devant que
le prothorax à sa base ; presque parallèles jusqu'à la moitié ou
un peu plus ; faiblement ou très-médiocrément convexes ; à stries
profondes, marquées dans le fond de points crénelant sensiblement les intervalles : la huitième raccourcie dans son dixième
ou huitième antérieur. *Intervalles* médiocrement ou assez convexes ; impointillés ; trois fois environ aussi larges que les stries :
le troisième un peu plus large que les autres, ordinairement uni
à sa partie postérieure au septième et au neuvième en enclosant
les septième et huitième stries qui sont à peu près unies. *Bord
supérieur du repli* graduellement dirigé en dehors d'arrière en
avant à l'angle huméral, non sinué après celui-ci ; laissant en
devant entre lui et le neuvième intervalle une gouttière plus

large que les huitième et neuvième intervalles réunis, et prolongée à peu près jusqu'au sixième de la longueur. *Dessous du
corps* luisant ou brillant ; superficiellement sillonné sur les côtés
des hanches de devant et sur ceux des premiers arceaux du ventre. *Prosternum* rebordé ; sillonné sur sa partie médiaire. *Postépisternums* superficiellement ponctués ; un peu élargis dans le
milieu ; deux fois et demie à trois fois aussi longs que larges.
Cuisses superficiellement pointillées ; les postérieures presque
lisses.

Patrie : le pays de Natal, (collect. Chevrolat.)

♂ *Cuisses* arquées sur leur arête antérieure ; toutes planes et
glabres sur la postérieure. *Jambes de devant* élargies jusqu'aux
deux tiers ou un peu moins parallèles et un peu rétrécies ensuite ;
armées au côté externe, vers les deux tiers de leur arête inférieure, d'une épine assez longue postérieurement dirigée ; munies
à l'extrémité d'une dent arquée plus courte dirigée obliquement
en sens contraire, c'est-à-dire du côté de la base, et formant
avec l'épine et l'arête une sorte de cercle interrompu. *Jambes
intermédiaires* et *postérieures* dilatées plus faiblement de la base
à l'extrémité : les intermédiaires faiblement recourbées en dehors
dans leur seconde moitié. *Quatre premiers articles des tarses
antérieurs* ciliés : le deuxième et le troisième dilatés : les premier et quatrième à peine.

<h3 align="center">10. T. funebris.</h3>

*Oblong ; peu ou point arqué longitudinalement ; noir, luisant. Prothorax
presque parallèle à partir des deux cinquièmes ; muni latéralement d'un rebord saillant, presque uniformément épais, convexe ; presque en ligne droite
sur les deux tiers de sa base, avec les extrémités dirigées en arrière ; rayé
au devant du bord postérieur, sur toute la longueur. Élytres à stries étroites, profondes, marquées de points les débordant à peine. Intervalles médiocrement convexes ; à peu près impointillés ; six fois plus larges que les stries.
Bord supérieur du repli à peine sinué après l'angle huméral, formant une
gouttière étroite, très-courte.*

Pedinus funebris ; (Bohéman) Dayrolle in litter.

Long. 0,0090 (4 l.) Larg. 0,0045 (2 l.)

Corps oblong ; médiocrement ou assez faiblement convexe ;
noir , luisant. *Tête* assez finement ponctuée ; rayée sur la suture
frontale , d'une ligne en demi-hexagone. *Partie médiaire du
menton* tronquée en devant. *Antennes* prolongées jusqu'aux deux
tiers ou trois quarts des côtés du prothorax ; d'un rouge brun
graduellement plus clair ; graduellement élargies à partir du
sixième article : les cinquième et sixième moniliformes. *Prothorax* élargi en arc jusqu'au tiers ou aux deux cinquièmes , à peu
près parallèle ensuite ; muni latéralement d'un rebord saillant ,
convexe en dessus , presque uniformément très-épais , jusque
près des angles postérieurs où il se rétrécit sensiblement ; presque
en ligne droite sur les deux tiers de la base , arqué et prolongé
en arrière aux angles postérieurs ; rayé au devant de sa base d'une
ligne constituant une sorte de rebord médiocrement étroit, visible
sur toute la largeur ; d'un tiers au moins plus large que long dans
son milieu ; assez faiblement ou médiocrement convexe ; superficiellement et finement pointillé ; offrant de chaque côté du rebord latéral une gouttière ou sillon étroit formé par la saillie de
ce rebord. *Élytres* presque parallèles jusqu'aux trois cinquièmes ;
à stries étroites, profondes, marquées dans le fond de points médiocrement apparents qui les débordent à peine : l'avant dernière
prolongée jusqu'à la base. *Intervalles* faiblement convexes ; à
peu près impointillés ; six fois environ plus larges que les stries :
le troisième un peu plus large que les autres. *Bord supérieur du
repli* à peine sinué après l'angle huméral qui est prononcé ;
laissant en devant entre lui et le neuvième intervalle une gouttière
obtriangulaire , courte , à peine aussi large que cet intervalle.
Repli impointillé. *Dessous du corps* luisant ; finement ridé sur
les côtés des hanches antérieures, plus légèrement et moins
densement sur les côtés du ventre. *Prosternum* rebordé ; plan
sur sa surface. *Postépisternums* marqués de points peu profonds,

inégalement serrés, superficiellement râpeux ; plus larges vers les
deux cinquièmes ; deux fois et quart à deux fois et demie aussi
longs que larges. *Cuisses* antérieures pointillées et pubescentes :
les suivantes et surtout les postérieures, à peu près lisses : celles-
ci glabres, non canaliculées en dessous.

PATRIE : le pays de Natal, (collect. Deyrolle).

♂ *Cuisses* arquées sur leur arête antérieure; toutes glabres sur
l'inférieure : les *postérieures,* non sillonnées sur celle-ci. *Jambes*
élargies de la base à l'extrémité : les *antérieures* près d'une fois
plus que les intermédiaires, brièvement ciliées de roux et non
échancrées sur leur arête inférieure. *Quatre premiers articles des
tarses antérieurs* médiocrement élargis en forme de palette ovalaire : le quatrième peu ou point dilaté. *Tarses suivants,* grêles.

♀ Inconnue.

11. T. latemarginatus.

*Oblong ; peu ou point arqué longitudinalement ; d'un noir luisant. Pro-
thorax à peine rétréci dans sa seconde moitié ; muni latéralement d'un rebord
épais, saillant, plus large et plus déprimé dans sa seconde moitié, égal environ au huitième de la largeur de la base vers les angles postérieurs ; en
ligne presque droite sur les trois cinquièmes médiaires de la base, avec les
extrémités dirigées en arrière ; superficiellement pointillé. Élytres à stries
assez profondes, marquées de points crénelant faiblement les intervalles ;
ceux-ci presque plans en devant, faiblement convexes en arrière ; impointillés.*

Eurynotus latemarginatus, CHEVROLAT, in litter.

Long. 0.0078 (3 1/2 l.) Larg. 0,0033 (1 1/2 l.)

Corps oblong ; médiocrement ou peu fortement convexe ; d'un
noir luisant, en dessus. *Tête* finement ponctuée ; obsolètement
sillonnée sur la suture frontale et après les yeux. *Partie médiaire
du menton* sans échancrure distincte, un peu convexement déclive en devant. *Antennes* à peine prolongées jusqu'aux deux
tiers des côtés du prothorax ; d'un rouge brun, avec les derniers
articles plus clairs ; grossissant graduellement à partir du sixième

articles plus clairs; grossissant graduellement à partir du sixième
article. *Prothorax* médiocrement élargi en ligne courbe jusqu'au
tiers ou à la moitié, à peine rétréci ou presque parallèle ensuite;
muni latéralement d'un rebord saillant, convexe, assez épais et
d'une manière presque uniforme jusqu'au milieu de sa longueur,
graduellement élargi ensuite et déprimé en dessus jusqu'aux angles
postérieurs, où il égale environ le huitième de la largeur de la
base; en ligne à peu près droite sur les trois cinquièmes ou deux
tiers médiaires de celle-ci, courbé sur les côtés de cette dernière
avec les angles postérieurs prolongés en arrière; muni à la base
d'un rebord étroit presque interrompu dans son milieu; d'un
tiers environ plus large en arrière que long dans son milieu;
médiocrement ou peu fortement convexe; rayé d'un sillon ou
d'une gouttière étroite entre le rebord et sa surface; superficiel
lement pointillé sur celle-ci. *Élytres* un peu moins larges en
devant que le prothorax à ses angles postérieurs; non sinués
après l'angle huméral; faiblement élargies jusqu'à la moitié;
médiocrement ou peu fortement convexes; à stries profondes ou
assez profondes, marquées de points assez petits, crénelant légèrement les intervalles, séparés les uns des autres sur la
moitié antérieure par un espace double ou triple de leur diamètre: la huitième avancée presque jusqu'à la base. *Intervalles*
à peu près plans en devant, faiblement convexes en arrière;
impointillés: le troisième un peu plus large, égal à environ
quatre ou cinq fois la largeur d'une strie. *Bord supérieur du
repli* peu ou point visible après le quart de la longueur; laissant entre lui et les huitième et neuvième intervalles réunis une
gouttière courte, plus étroite que ceux-ci. *Dessous du corps*
noir, luisant; faiblement ridé sur les côtés des hanches de devant;
marqué sur les côtés du ventre de points assez gros unis en
sillons. *Prosternum* rebordé ou bissillonné; offrant l'espace
médiaire à peine plus large que les rebords. *Postépisternums*
marqués de points en partie unis en chaînes longitudinales;

plus larges vers le milieu; deux fois à deux fois et quart plus longs que larges. *Pieds* d'un rouge brun ou brunâtre.

Patrie : le Cap de Bonne-Espérance, (collection Chevrolat).

♂ Inconnu.

♀ *Cuisses* peu arquées ; glabres : les postérieures non sillonnées en dessous. *Jambes* droites : les antérieures plus dilatées que les autres. *Tarses antérieurs* à peine dilatés.

13. **T. nigerrimus.**

Suballongé, presque parallèle ; d'un noir un peu luisant. Prothorax presque parallèle à partir des deux cinquièmes ; muni latéralement d'un rebord saillant, moins épais dans son milieu qu'à ses extrémités ; presque en ligne droite sur les deux tiers médiaires de la base, avec les extrémités de celle-ci dirigées en arrière ; sans rebord à la base, superficiellement pointillé. Élytres dilatées extérieurement en forme de petite dent à l'angle huméral; à stries marquées en devant, oblitérées postérieurement, marquées de points ne crénelant pas les intervalles. Ceux-ci plans postérieurement ; impointillés.

Long. 0,0100 à 0,0112 (4 1/2 à 5 l.). Larg. 0,0045 (2 l.).

Corps suballongé; presque parallèle; médiocrement convexe; noir, un peu luisant. *Tête* peu densement pointillée; creusée sur la suture frontale d'un sillon assez profond non prolongé jusqu'aux côtés de l'épistome dont les bords sont relevés; sillonnée après les yeux et transversalement relevée entre ces organes. *Partie médiaire du menton* tronquée en devant. *Antennes* à peine prolongées jusqu'aux deux tiers des côtés du prothorax; d'un brun rouge, avec les derniers articles plus clairs; grossissant à partir du cinquième ou sixième article. *Prothorax* faiblement élargi en ligne un peu courbe jusqu'au tiers ou un peu plus, presque parallèle ensuite; muni latéralement d'un rebord saillant, convexe, moins épais dans son milieu qu'à ses extrémités, surtout à la postérieure; presque en ligne droite sur les deux tiers médiaires de la base, sensiblement courbé sur le sixième externe, avec les angles postérieurs un peu

plus prolongés en arrière que le milieu; convexement déclive et
sans rebord à la base, si ce n'est aux extrémités de celle-ci;
médiocrement ou peu fortement convexe; creusé d'un sillon
étroit formant les limites du rebord, et rendu plus profond par
la saillie de celui-ci; presque lisse, superficiellement et peu
densement pointillé. *Élytres* à peine plus larges en devant que
le prothorax à la base; extérieurement dilatées en forme de
petite dent à l'angle huméral, sensiblement sinuées après
cet angle, puis presque parallèles jusqu'aux trois cinquièmes;
à stries assez profondes ou très-marquées en devant, oblitérées postérieurement: les premières arrivant ou à peu près à
l'extrémité: les autres graduellement plus courtes: les dernières
à peine prolongées jusqu'aux deux tiers: ces stries marquées
dans le fond de points peu apparents (surtout les derniers), ne
crénelant pas les intervalles, (vingt-six à trente sur la quatrième
strie): la huitième raccourcie en devant sur le dixième de sa
longueur. *Intervalles* faiblement convexes en devant, plans postérieurement; impointillés, souvent un peu ridés transversalement sur leur moitié antérieure. *Bord supérieur du repli* visible environ jusqu'aux deux cinquièmes en dessus; laissant en
devant entre lui et les huitième et neuvième intervalles réunis
une gouttière courte, obtriangulaire au moins aussi large que
ces intervalles. *Dessous du corps* luisant; légèrement ou presque obsolètement ridé sur les côtés des hanches de devant;
marqué de rides peu profondes sur les côtés des premiers arceaux
du ventre. *Prosternum* rebordé et creusé ou sillonné dans son
milieu. *Postépisternums* marqués de points souvent réunis à la
base en forme de fossette, moins épais vers l'extrémité; plus
larges vers les deux cinquièmes; deux fois et quart environ aussi
longs que larges. *Cuisses* toutes sillonnées en dessous; pointillées: les antérieures ordinairement légèrement râpeuses sur
leur côté antérieur; garnies sur celui-ci de poils clairsemés, peu
apparents, nuls ou à peu près sur les postérieures.

Patrie : le Cap de Bonne-Espérance, (collections Chevrolat, Deyrolle).

♂ *Cuisses* arquées sur leur arête antérieure : les postérieures arquées, parallèles sur leur arête inférieure et garnies en dessous de poils obscurs, peu épais ; râpeuses au côté interne ; munies près de l'extrémité de ce côté d'une petite dent inférieurement dirigée. *Jambes* dilatées de la base à l'extrémité : les antérieures plus fortement que les autres : les postérieures un peu plus ou au moins autant à leur extrémité que les intermédiaires : celles de devant échancrées dans le milieu de leur arête inférieure et garnies en dessous de poils roux vers leur extrémité : les intermédiaires vers les trois quarts de leur arête externe, denticulées sur celle-ci : les autres inermes sur cette même arête. *Quatre premiers articles* des tarses antérieurs égaux, à peine dilatés, ciliés.

♀ Inconnue.

Obs. Ce serait l'*Eurynotus nigerrimus* du catalogue Dejean, selon M. Deyrolle.

14. T. armatus.

Oblong ; noir, brillant sur le prothorax, luisant sur les élytres. Prothorax offrant vers sa moitié sa plus grande largeur ; muni latéralement d'un rebord peu saillant, plus large vers le tiers qu'à ses extrémités ; échancré en arc médiocre à la base, sans rebord bien apparent au devant de celle-ci ; finement pointillé. Élytres dilatées extérieurement en forme de petite dent à l'angle huméral ; à stries profondes, peu distinctement ponctuées. Intervalles presque plans en devant, lisses, impointillés.

Long. 0,0087 (3 7/8 l.). Larg. 0,0039 (1 3/4 l.).

Corps oblong ; médiocrement convexe ; noir, brillant sur le prothorax, luisant sur les élytres. *Tête* assez densement et assez finement ponctuée ; creusée sur la suture frontale d'un sillon non prolongé jusqu'aux bords latéraux de l'épistome qui sont relevés ; moins fortement sillonnée après les yeux. *Partie médiaire*

du menton en losange obtuse en devant, prolongée à peine jusqu'aux deux tiers des bords latéraux ; noires ou d'un noir brun,
avec les derniers articles moins obscurs ; grossissant à partir du
cinquième ou sixième article. *Prothorax* médiocrement élargi
en ligne courbe jusqu'à la moitié, assez faiblement rétréci ensuite ; sensiblement plus large vers la moitié qu'à la base ; muni
latéralement d'un rebord large, faiblement convexe, à peine
plus saillant que le reste de la surface, offrant vers le tiers de la
longueur sa plus grande largeur, graduellement et médiocrement rétréci à ses deux extrémités ; à peu près sans rebord apparent à la base, ou rayé vers le bord même de celle-ci d'une
raie très-étroite et peu distincte ; échancré en arc régulier et
médiocre à son bord postérieur ; d'un quart à peine plus large
à ce dernier que long dans son milieu ; médiocrement convexe ;
rayé d'une strie profonde formant les limites du rebord ; finement pointillé, avec les intervalles lisses et brillants. *Écusson*
une fois au moins plus large que long. *Elytres* extérieurement
dilatées en forme de petite dent à l'angle huméral, sensiblement sinuées après cet angle par l'effet de la saillie de cette dent,
assez faiblement élargies ensuite jusqu'à la moitié ; médiocrement convexes ; à stries profondes, peu distinctement marquées
dans le fond de points petits, ne crénelant pas les intervalles,
séparés les uns des autres par un espace à peine égal à leurs
diamètre : la huitième avancée presque jusqu'à la base. *Intervalles* presque plans en devant, légèrement convexes postérieurement ; lisses ; impointillés : le troisième un peu plus large,
égal au moins à cinq fois la largeur des stries. *Bord supérieur
du repli* laissant en devant, entre lui et le neuvième intervalle uni au huitième, une gouttière obtriangulaire plus large que
ces intervalles. *Dessous du corps* luisant ; légèrement ridé près
des hanches antérieures, plus fortement sur les côtés du ventre.
Prosternum rebordé, lisse sur sa surface. *Postépisternums* marqués de points peu rapprochés et peu profonds ; plus larges

vers le milieu ; deux fois et demie environ aussi longs que larges.
Cuisses garnies de poils fauves, peu épais.

Patrie : le port Natal, (collection Chevrolat).

♂ *Cuisses* arquées sur leur arête antérieure , toutes planes
ou canaliculées sur l'arête postérieure : celles de derrière garnies sur cette partie de cils fauves, peu épais. *Jambes de
devant* en ligne droite sur leur arête externe, élargies en ligne
arquée sur l'arête inférieure ; armées au côté externe, vers l'extrémité de celle-ci, d'une dent incourbée, échancrée et bidentée
à l'extrémité. *Jambes intermédiaires* faiblement creusées en
arc sur leur arête externe; garnies sur l'arête postérieure de
cils peu épais. *Jambes postérieures* droites également ciliées.
Quatre premiers articles des tarses antérieurs dilatés en forme
de palette ovalaire, et ciliés.

♀ Inconnue.

15. T. longulus.

*Oblong ; noir, peu ou point luisant. Prothorax offrant vers les trois
septièmes sa plus grande largeur ; rétréci assez faiblement ensuite en ligne
droite ; muni latéralement d'un rebord égal , assez étroit, peu saillant ; en
ligne droite à la base sur les trois cinquièmes médiaires , avec les extrémités
sensiblement dirigées en arrière ; offrant presque sur toute la base les traces
d'un faible rebord ; ponctué. Élytres extérieurement armées d'une petite dent
vers l'angle huméral, sensiblement sinuées après cet angle ; à stries profondes,
presque aussi larges que les intervalles : ceux-ci convexes, crevassés, indistinctement pointillés.*

Eurynotus longulus (Buquet) Dej. catal. (1837, p 211 suivant M. Chevrolat.

Long. 0,0078 (3 1/2 l.) Larg. 0,0053 (1 1/2 l.)

Corps oblong; médiocrement convexe; noir, peu ou point
luisant, souvent terreux. *Tête* peu finement ponctuée; ruguleuse
sur le front; déprimée sur le milieu de la suture frontale.
Partie médiaire du menton obtusément arrondie en devant. *Antennes* à peine prolongées jusqu'à la moitié ou un peu plus des
côtés du prothorax; d'un brun rougeâtre à la base, un peu plus

clair vers l'extrémité; grossissant à partir des cinquième ou
sixième articles : les sixième à dixième ou cinquième à dixième
plus larges que longs. *Prothorax* élargi en ligne peu courbe
jusqu'aux trois septièmes, offrant vers ce point sa plus grande
largeur, rétréci ensuite assez faiblement et en ligne droite jusqu'aux angles postérieurs; muni latéralement d'un rebord égal,
médiocre, peu saillant; en ligne droite sur les trois cinquièmes
médiaires de la base, et faiblement échancré dans le milieu de
cette partie, avec les extrémités sensiblement dirigées en arrière
en ligne droite; offrant à peu près sur toute la largeur de la
base les traces d'un rebord très-étroit; médiocrement ou très-
médiocrement convexe; ponctué. *Élytres* à peine plus larges en
devant que la base du prothorax; extérieurement munies d'une
petite dent à l'angle huméral; sensiblement sinuées après cet
angle, puis faiblement rétrécies en ligne droite jusqu'aux trois
cinquièmes ou un peu moins; à stries sulciformes et marquées
de points qui ne crénèlent pas les intervalles : la huitième strie
raccourcie dans son cinquième antérieur. *Intervalles* presque en
forme de côtes, subconvexes en devant, très-convexes postérieurement; à peine plus larges que les stries; crevassés; indistinctement marqués de points très-petits et peu rapprochés :
le premier postérieurement uni au neuvième : le deuxième au
septième. *Bord supérieur du repli* courbé en dehors en forme
de dent à l'angle huméral, laissant entre lui et les neuvième
et huitième intervalles une gouttière étroite. *Dessous du corps*
luisant; presque obsolètement ou faiblement sillonné sur les
côtés des hanches antérieures et des premiers arceaux du ventre :
les sillons de ces derniers en partie formés de points unis. *Prosternum* rebordé, sillonné ou rayé peu profondément sur sa
partie médiaire. *Postépisternums* grossièrement ponctués; plus
larges vers le milieu; deux fois et quart aussi longs que larges.
Cuisses ponctuées : les postérieures plus faiblement; planes ou
peu sillonnées en dessous.

Patrie : le Cap de Bonne-Espérance, (collect. Chevrolat).

Jambes de devant élargies presque régulièrement de la base
à l'extrémité, égales à celle-ci à environ la moitié au moins de
leur longueur, près d'une fois plus larges que les postérieures ;
garnies de poils roux très-courts sur leur arête inférieure : les
intermédiaires denticulées sur leur arête externe et sensiblement recourbées en dehors vers l'extrémité, ainsi que les postérieures. *Tarses antérieurs* peu ou point dilatés.

Oss. Nous n'avons vu que l'un des sexes.

16. **T. Chevrolati.**

*Oblong ; noir ou d'un noir brun, luisant. Prothorax offrant vers la moitié
sa plus grande largeur ; muni latéralement d'un rebord saillant, presque égal ;
en ligne presque droite à la base, avec la partie médiaire à peine échancrée et
les extrémités un peu dirigées en arrière ; offrant seulement vers celles-ci les
traces d'un rebord ; ponctué. Élytres extérieurement armées d'une petite dent
à l'angle huméral ; sensiblement sinuées après cet angle ; à stries assez profondes, marquées de points crénelant un peu les intervalles : ceux-ci faiblement convexes, superficiellement pointillés.*

Long. 0,0078 (3 1/2 l.). Larg. 0,0042 (1 7/8 l.).

Corps oblong ; convexe ; noir ou d'un noir brunâtre, luisant
en dessus. *Tête* peu finement ponctuée ; sillonnée sur la suture
frontale et plus faiblement après les yeux : le premier sillon,
non prolongé jusqu'aux bords latéraux qui sont un peu relevés.
Partie médiaire du menton en losange à côtés curvilignes dans
leur moitié antérieure. *Antennes* à peine prolongées jusqu'aux
trois cinquièmes des côtés du prothorax ; d'un brun rouge ou
d'un rouge brun à la base, avec l'extrémité graduellement un peu
plus claire ; grossissant à partir du cinquième ou du sixième article : les sixième à dixième plus larges que longs. *Prothorax*
élargi en ligne courbe jusqu'à la moitié, où il offre sa plus grande
largeur, faiblement rétréci ensuite en ligne droite ; muni latéralement d'un rebord saillant, convexe, à peu près également

épais sur toute sa longueur ; presque en ligne droite à la base,
avec la partie médiaire légèrement échancrée et les extrémités
faiblement courbées en arrière ; offrant seulement vers celle-ci
les traces d'une raie, convexement déclive sur le reste ; convexe ;
creusé près du rebord d'une rainure peu ou médiocrement profonde ; visiblement ponctué sur sa surface. *Elytres* égales en largeur en devant à la base du prothorax ; extérieurement munies
d'une petite dent à l'angle huméral ; sensiblement sinuées après
cet angle, puis faiblement élargies jusqu'à la moitié ou un peu
plus ; à stries assez profondes et marquées dans le fond par des
points qui crénèlent un peu les intervalles : la huitième strie raccourcie dans son douzième antérieur. *Intervalles* faiblement ou
assez faiblement convexes en devant, un peu plus sensiblement
en arrière ; superficiellement pointillés ; trois ou quatre fois environ aussi larges que les stries : le troisième un peu plus large,
postérieurement uni au septième et ordinairement au neuvième.
Bord supérieur du repli courbé en dehors en forme de dent à
l'angle huméral ; laissant entre lui et les neuvième et huitième
intervalles réunis une gouttière étroite et peu marquée. *Dessous
du corps* luisant ; peu profondement sillonné sur les côtés des
hanches de devant et des premiers arceaux du ventre : les sillons
de ces derniers en partie formés de points unis. *Prosternum*
rebordé ; sillonné sur sa partie médiaire. *Postépisternums* marqués de points gros et peu rapprochés ; plus larges vers les deux
cinquièmes ; deux fois à deux fois et quart aussi longs que larges.
Cuisses ponctuées : les postérieures plus légèrement ou moins
fortement ; planes ou peu sillonnées en dessous.

PATRIE : le Cap de Bonne-Espérance, (collect. Chevrolat).

Jambes de devant élargies de la base à l'extrémité, et plus
fortement dans le dernier tiers, égales à leur extrémité à plus
de la moitié de leur longueur, une fois au moins plus larges que
les intermédiaires et postérieures ; garnies de cils roux sur leur
arête inférieure : les *intermédiaires* dentelées et sensiblement

recourbées en dehors dans la seconde moitié de leur arête externe. *Tarses antérieurs* ciliés peu ou point dilatés.

Obs. Nous n'avons vu que l'un des sexes.

Nous avons dédié cette espèce à M. Chevrolat, comme un témoignage de notre estime pour ses talents et de reconnaissance pour le bienveillant empressement avec lequel il veut bien
nous communiquer les richesses de son cabinet.

17. T. morosus.

*Oblong ; d'un brun noir, peu luisant Prothorax offrant vers les deux cin-
quièmes sa plus grande largeur ; muni latéralement d'un rebord saillant, pointillé, à peine plus épais postérieurement ; faiblement sinué à la base près des
angles postérieurs, avec les trois cinquièmes médiaires arqués et plus prolongés
en arrière vers le milieu que ces angles ; offrant seulement près de ceux-ci les
traces d'un rebord. Élytres à stries profondes, peu distinctement ponctuées.
Intervalles impointillés.*

Long. 0,0090 à 0,0095 (4 à 4 1/4 l.) Larg. 0,0042 à 0,0045 (1 7/8 à 2 l.)

Corps oblong; convexe; d'un brun noir, peu luisant. *Tête*
finement ponctuée; sillonnée sur la suture frontale et faiblement après les yeux : le premier sillon, non prolongé jusqu'aux
bord latéraux qui sont sensiblement relevés. *Partie médiaire du
menton* en losange. *Antennes* à peine plus longuement ou aussi
longuement prolongées que les trois cinquièmes des côtés du
prothorax; d'un rouge brun ou d'un brun rouge avec l'extrémité
plus claire; grossissant à partir du sixième ou du septième
article. *Prothorax* élargi en ligne courbe jusqu'au tiers ou aux
deux cinquièmes, offrant vers ce point sa plus grande largeur;
à peine rétréci en ligne presque droite postérieurement; muni
latéralement d'un rebord saillant, peu convexe, pointillé, presque également épais ou un peu plus épais près des angles postérieurs; faiblement sinué près des angles postérieurs, à la base,
avec les trois cinquièmes médiaires assez légèrement arqués et
un peu plus prolongés en arrière que les angles; offrant seulement

près de ceux-ci les traces d'un rebord, convexement déclive sur
le reste de la base. *Élytres* à peine incourbées d'arrière en avant,
ou émoussées à l'angle huméral, presque parallèles ensuite jusqu'à la moitié ou aux trois cinquièmes ; à stries profondes, marquées dans le fond par des points peu ou point apparents, ne crénelant pas les intervalles, longitudinalement séparés les uns des
autres par un espace double de leur diamètre : la huitième strie
presque avancée jusqu'à la base, mais affaiblie et souvent interrompue près de celle-ci. *Intervalles* presque plans en devant, un
peu convexes postérieurement ; impointillés ; égaux à environ
trois ou quatre fois la largeur des stries : le troisième, un peu
plus large, postérieurement uni au septième et le deuxième
au huitième : le neuvième ordinairement libre et un peu raccourci. *Bord supérieur du repli* peu ou point saillant et ne formant pas gouttière en devant. *Dessous du corps* noir, luisant ;
peu profondément sillonné sur les côtés des hanches antérieures
et sur les deux premiers arceaux du ventre : ces derniers sillons
en partie formés de points unis. *Prosternum* rebordé et obsolètement sillonné sur sa partie médiaire. *Postépisternums* marqués
de points gros et souvent unis longitudinalement ; plus larges
vers la moitié ; deux fois et demie environ aussi longs que larges.
Pieds d'un brun rouge, avec les cuisses d'un rouge brun : celles-
ci assez finement ponctuées, surtout les postérieures.

PATRIE : le Cap de Bonne-Espérance, (collect. Deyrolle).

Cuisses postérieures convexes on non planes sur la moitié
basilaire de leur arête inférieure. *Jambes* élargies d'avant en arrière : les antérieures plus fortement que les intermédiaires et
celles-ci que les postérieures : les antérieures et intermédiaires
denticulées sur l'arête externe : les premières râpeuses en dessous :
les secondes sur tout leur côté externe. *Tarses antérieurs* ciliés,
peu ou point dilatés.

18. **T. Mannerhemii.**

*Oblong; noir, peu luisant en dessus, luisant en dessous. Prothorax offrant vers
la moitié sa plus grande largeur, peu rétréci ensuite; muni d'un rebord latéral assez étroit, avancé en devant en forme de dent et laissant entre lui et la
surface une gouttière à peine prolongée jusqu'à la moitié; en arc dirigé en arrière
et à peine bissinué à la base ; superficiellement pointillé. Élytres offrant une
petite dent dirigée en dehors à l'angle huméral; à stries peu profondes, postérieurement affaiblies ou oblitérées , ponctuées (environ trente-cinq points sur la
quatrième): les quatrième et cinquième encloses par les voisines. Intervalles
presque plans, impointillés.*

Eurynotus gibbicollis (Reiche) Mannerh. in litter.

Long. 0,0100 (4 1/2 l.). Larg. 0,0045 (2 l.).

Corps oblong ; médiocrement convexe ; noir, peu ou point luisant. *Tête* finement ponctuée ; légèrement sillonnée sur la suture
frontale et après les yeux. *Partie médiaire du menton* obtuse
ou tronquée en devant. *Antennes* à peine prolongées au delà de
la moitié des côtés du prothorax ; grossissant graduellement à
partir du cinquième article: les sixième à dixième plus larges
que longs ; noires, à peine moins obscures à l'extrémité. *Prothorax* élargi en ligne courbe jusqu'aux deux cinquièmes, presque parallèle ou plutôt faiblement rétréci à partir de la moitié ;
muni d'un rebord latéral uniformément assez étroit, avancé en
devant en forme de dent assez saillante, plus saillant à sa partie
antérieure ou laissant entre lui et la surface du prothorax une
gouttière graduellement rétrécie jusqu'aux deux cinquièmes ou
à la moitié; et réduite à partir de ce point à une strie très-prononcée ; arqué en arrière à la base, avec une sinuosité peu prononcée vers chaque sixième externe ; notablement moins prolongé en arrière aux angles postérieurs qu'au milieu de ladite
base ; étroitement rebordé à celle-ci ; médiocrement convexe ;
superficiellement pointillé. *Ecusson* petit. *Elytres* offrant à l'angle huméral une petite dent dirigée en dehors ; peu ou point

sinuées après celle-ci, puis à peu près parallèles jusqu'aux trois
cinquièmes; médiocrement convexes; à stries peu profondes : les
deuxième et huitième postérieurement oblitérées: les autres un peu
affaiblies ; marquées de points les débordant à peine et ne crénelant pas les intervalles (environ trente-cinq sur la quatrième) :
la troisième, postérieurement unie à la sixième ou à la septième
en enclosant les quatrième et cinquième. *Intervalles* presque
plans ; impointillés. *Bord supérieur du repli* un peu saillant en
devant, laissant entre lui et le neuvième intervalle une gouttière
très-étroite invisible en dessus, après les deux cinquièmes de sa
longueur, si ce n'est vers l'extrémité. *Dessous du corps* d'un
noir luisant ou brillant ; légèrement rayé sur les côtés de l'antépectus ; ridé sur les côtés des premiers arceaux du ventre. *Prosternum* rayé d'une strie près de sa périphérie, et, par là, paraissant rebordé. *Postépisternums* marqués de points peu profonds
et médiocrement épais ; un peu plus larges dans leur milieu ;
deux fois et demie environ aussi longs que larges. *Pieds* d'un
noir brun, avec les tarses moins obscurs; robustes. *Cuisses* ponctuées : les antérieures plus fortes. *Jambes antérieures* élargies
d'avant en arrière ; plus larges à leur extrémité que la moitié de
leur longueur ; bissinuées à leur tranche externe, c'est-à-dire inégalement élargies, un peu dilatées vers les trois cinquièmes et
plus sensiblement sinuées entre ce point et leur extrémité ; arquées en dedans et ciliées sur leur tranche interne.

Patrie : le Cap de Bonne-Espérance, (collect. Mannerheim).

Obs. Nous n'avons vu que l'un des sexes.

Nous avons dédié cette espèce à M. le comte de Mannerheim,
président de la Haute-Cour de justice de Vibourg et l'un des
premiers entomologistes vivants.

Nous avons été obligé de changer le nom de *gibbicollis*,
indiqué par M. Reiche, ce nom étant déjà donné à une autre
espèce de cette famille.

18. **T. Verreauxii.**

Oblong; brun ou d'un brun noir; mat. Prothorax offrant vors les deux cinquièmes sa plus grande largeur; muni latéralement d'un rebord uniformément étroit, un peu tranchant; sinué à la la base près des angles, arqué sur les cinq septièmes médiaires et plus prolongé en arrière dans le milieu qu'à ces angles; offrant seulement près de ceux-ci les traces d'un rebord; ponctué. Élytres à stries en forme de rainures égales à la moitié du premier ou du deuxième intervalle : ceux-ci, presque plans, ponctués.

Long. 0,0067 à 0,0078 (3 à 3 1/2 l.) Larg. 0,0056 (2 1/2 l.)

Corps oblong; médiocrement convexe; brun ou d'un brun noir, en dessus; mat. *Tête* marquée de points médiocrement rapprochés; légèrement ou parfois peu distinctement sillonnée sur la partie médiaire de la suture frontale, déprimée sur celle-ci près des bords latéraux qui sont sensiblement relevés; sillonnée d'une manière assez prononcée après les yeux. *Partie médiaire du menton* obtuse ou tronquée en devant. *Antennes* à peine prolongées au delà des trois cinquièmes des bords latéraux; d'un rouge brun ou d'un brun rouge à la base, graduellement plus claires à l'extrémité; grossissant à partir du sixième article. *Prothorax* élargi en ligne courbe jusqu'aux deux cinquièmes, offrant vers ce point sa plus grande largeur, faiblement rétréci ensuite et presque en ligne droite; muni latéralement d'un rebord uniformément étroit, relevé, un peu tranchant; bissinué à la base, avec les cinq septièmes de celle-ci sensiblement arqués et plus prolongés en arrière dans le milieu que les angles postérieurs qui sont très-faiblement dirigés en arrière à partir de la sinuosité; n'offrant que près des angles les traces d'une ligne basilaire, convexement déclive sur le reste; d'un quart environ plus large que long dans son milieu; médiocrement ou passablement convexe; offrant sur les côtés une gouttière formée par la saillie du rebord, très-étroite sur la majeure

partie de sa longueur, moins étroite près des angles postérieurs ; marqué sur sa surface de points moins petits que ceux
de la tête, séparés par des espaces presque lisses au moins aussi
grands, en général, que leur diamètre. *Ecusson* transverse. *Elytres* à peu près aussi larges en devant que le prothorax ; presque
parallèles jusqu'aux trois cinquièmes, mais légèrement incourbées d'arrière en avant vers l'angle huméral ; passablement ou
médiocrement convexes ; à stries en forme de rainures égales à
la moitié au moins du premier ou du deuxième intervalle, marquées dans le fond de points ronds, ne crénelant pas ou crénelant à peine les intervalles et séparés longitudinalement les uns
des autres par un espace un plus grand que leur diamètre : la
huitième raccourcie dans son huitième antérieur. *Intervalles*
presque plans ; marqués de points presque de la grosseur de
ceux de la tête. *Bord supérieur du repli* peu ou point saillant
en devant et ne laissant pas une gouttière apparente entre lui
et les huitième et neuvième intervalles réunis. *Dessous du corps*
noir brun, ou d'un brun rouge ; marqué de rides fines sur les
côtés des hanches de devant, moins finement ridé sur les côtés
des premiers arceaux du ventre. *Prosternum* rebordé ; ponctué
postérieurement sur sa surface. *Postépisternums* assez légèrement et parcimonieusement ponctués ; plus larges vers le milieu ; deux fois et quart environ aussi longs que larges. *Pieds*
d'un brun rouge ou d'un rouge brun ; ponctués et râpeux,
parcimonieusement pubescents sur le côté externe des cuisses
et des jambes antérieures et intermédiaires, plus légèrement
ponctués et presque lisses sur le côté des postérieures. *Cuisses*
arquées sur leur arête externe ; planes ou presque canaliculées
sur leur arête inférieure. *Jambes* dilatées de la base à l'extrémité : les antérieures au moins de moitié plus que les autres,
ciliées vers la partie postérieure de leur arête inférieure, ou bien
à peu près droites sur leur arête externe : les intermédiaires
et postérieures, recourbées en dehors vers l'extrémité de leur

arête externe : les intermédiaires dentelées sur cette arête : les
autres, unies.

♂ *Jambes de devant* échancrées vers les trois cinquièmes ou
deux tiers de leur arête inférieure et plus longuement ciliées.
Tarses antérieurs peu sensiblement dilatés.

PATRIE : le Cap de Bonne-Espérance, (collect. Deyrolle).

OBS. Cette espèce a été trouvée par l'un des frères Verreaux,
dont les voyages ont enrichi la science d'un grand nombre
d'objets intéressants.

19. T. immundus.

*Oblong ou suballongé ; d'un noir mat ou terreux. Prothorax offrant vers
la moitié sa plus grande largeur, faiblement rétréci ensuite en ligne presque
droite ; muni latéralement d'un rebord peu épais ; sans rebord à la base ; couvert de points ronds, assez gros et rapprochés. Élytres unies à l'angle huméral d'une très-petite dent relevée ; à stries assez faibles, étroites : la juxta-
marginale sulciforme. Intervalles plans ; marqués de points semblables à ceux
du prothorax.*

Long. 0,0100 (4 1/2 l.). Larg. 0,0045 (2 l.).

Corps oblong ou suballongé ; peu et très-obtusément arqué
longitudinalement ; assez faiblement ou médiocrement convexe ;
d'un noir ou noir brun, mat, parfois terreux. *Tête* ponctuée ;
sillonnée sur la suture frontale et légèrement après les yeux.
Partie médiaire du menton en losange obtuse en devant. *Antennes* prolongées à peine jusqu'aux trois cinquièmes ; noires ou
d'un noir brun, à peine moins obscures à l'extrémité : septième
à dixième articles plus larges que longs. *Prothorax* élargi en
ligne peu courbe jusqu'à la moitié, offrant vers ce point sa plus
grande largeur ; rétréci faiblement et en ligne à peu près droite
dans sa seconde moitié ; muni latéralement d'un rebord à peu
près égal, peu épais ; un peu arqué en arrière et sans rebord à
la base ; médiocrement convexe ; couvert de points ronds assez

gros et rapprochés ; faiblement en gouttière près du rebord latéral. *Ecusson* petit. *Elytres* presque parallèles jusqu'aux trois
cinquièmes ; médiocrement ou assez faiblement convexes; un peu
déprimées sur le deuxième intervalle ; à stries étroites , assez
faibles, excepté la juxta-marginale qui est en forme de sillon ,
ne paraissant pas ponctuées. *Intervalles* à peu près plans ; marqués de points analogues à ceux du prothorax ; légèrement ridés :
le troisième un peu plus large, six fois au moins aussi large
qu'une strie. *Bord supérieur du repli*, relevé à l'angle humé
ral en forme de petite dent. *Intervalle voisin du repli* en partie
visible en dessous. *Dessous du corps* noir , luisant au moins sur
le ventre ; légèrement ridé sur les côtés des hanches et superficiellement ponctué sur les parties plus externes de l'antépectus ;
réticuleux , à grandes mailles et à réseau étroit sur les épimères
du postpectus ; marqué sur le ventre de gros points , un peu unis
en sillons sur les côtés de de la base. *Prosternum* rayé près de
chaque bord latéral d'une strie non prolongée jusqu'à l'extrémité.
Postépisternums réticuleusement ou grossièrement et profondément ponctués ; plus larges vers le milieu ; deux fois et quart
à deux fois et demie aussi longs que larges. *Pieds* marqués de
points gros et serrés; *Cuisses antérieures*, râpeuses sur leur face
antérieure : les suivantes graduellement moins râpeuses.

PATRIE: le Cap de Bonne-Espérance, (collect. Chevrolat).

♂ Inconnu.

♀ *Jambes* élargies de la base à l'extrémité : celles de devant
plus larges que les autres. *Tarses* non dilatés.

OBS. Suivant M. Chevrolat ce serait l'*Eurynotus immundus*
du catalogue Dejean.

Cette espèce semble former une anomalie par l'intervalle des
stries des élytres voisin du repli en partie visible en dessous ; peut-
être cette anomalie est-elle individuelle.

QUATRIÈME BRANCHE.

PEDINAIRES.

Caractères. *Yeux* coupés par les joues. *Menton* chargé sur sa partie médiaire d'une carène longitudinale, parfois visiblement élargi d'arrière en avant, c'est-à-dire offrant les parties latérales et les dents qui forment les angles antérieurs de celles-ci apparentes, souvent avec ces parties cachées, rétrécies, presque oblitérées, montrant alors sur sa surface médiaire, la seule apparente ou plus apparente, la forme soit d'un ovale obtus ou tronqué soit d'une losange. A ces caractères, on peut ajouter :

Corps généralement arqué longitudinalement, et d'une manière ordinairement plus sensible chez la ♀ que chez le ♂ ; quelquefois presque plan sur sa partie longitudinale médiaire, surtout chez le dernier sexe. *Tête* plus large que longue; marquée sur la suture frontale d'un sillon plus ou moins prononcé, et souvent d'un autre après les yeux. *Antennes* graduellement et très-faiblement plus grosses vers l'extrémité. *Prothorax* échancré plus ou moins profondément à sa partie antérieure ; rayé près de ses bords latéraux, d'une ligne ou d'une strie constituant une sorte de rebord non saillant, parfois peu apparent ou indistinct en dessus ; souvent plus sensiblement arqué sur les côtés et paraissant offrir vers le milieu ou un peu après sa plus grande largeur, chez les ♂: plus parallèle dans sa seconde moitié ou quelquefois même insensiblement plus large vers la base, chez la ♀ ; marqué, au devant du bord postérieur, d'une ligne ou strie plus faible, que nous désignerons sous le nom de *strie basilaire*, partant des angles postérieurs et plus ou moins prolongée vers le milieu, presque toujours interrompue sur la partie médiaire. *Ecusson* en triangle, à côtés souvent curvilignes ; plus large que long. *Elytres* débordant faiblement ou parfois à peine les bords postérieurs du prothorax, dont les angles s'appuyent sur la partie humérale, ou sont reçus dans une fossette humérale de la base des étuis ; habituellement presque parallèles ou faiblement rétrécies jusqu'aux trois cinquièmes, chez le ♂, plus ou moins sensiblement élargies vers leur milieu chez la   ; à neuf stries, y comprise celle qui joint le bord supérieur du repli ; offrant en outre sur les côtés de l'écusson les traces plus ou moins marquées d'une strie rudimentaire. *Dessous du corps* généralement creusé sur les côtés de l'antépectus de rides longitudinales profondes, ou de sillons étroits, parfois ponctués ou formés de gros points liés ; plus ou moins grossièrement ponctué sur les parties suivantes de la poitrine et sur les côtés du ventre, moins grossièrement en général sur la partie médiaire : les points des côtés du ventre souvent unis en forme de rides toujours moins prononcées que celles de l'antépectus. *Pieds* médiocres. *Cuisses postérieures* canaliculées en dessous ; généralement arquées, au moins chez le ♂. *Jambes* de forme variable suivant les espèces et les sexes : les antérieures, chargées en dessous chez le ♂ d'une carène longitudinalement arquée, aboutissant vers l'angle antéro-interne : cette carène souvent obtuse, séparée de la tranche interne par un espace concave destiné à recevoir une partie des cuisses dans la flexion ; ces mêmes jambes presque planes et râpeuses en dessous, chez la ♀. *Tarses antérieurs* offrant chez le ♂, leurs trois premiers articles dilatés, généralement ciliés ; garnis en dessous d'un duvet ordinairement très-serré.

Les insectes de cette branche semblent jusqu'à ce jour particuliers à l'ancien monde et habiter principalement le bassin méditerannéen.

Ils se répartissent dans les genres suivants :

échancré en arc sur toute la largeur de sa base.

Élytres, prises ensemble devant.éqeru , es en   *Pedinus.*

Prothorax
bissinué à la base, c'est-à-dire presque en ligne droite
sur les deux cinquièmes médiaires de celle-ci , avec
les angles postérieurs prolongés en arrière en forme de dent ; cette dernière égale à sa base, au
cinquième environ de la largeur. Élytres obliquement coupées presque sur la moitié externe de
leur base, ou paraissant telles.   *Colpotus.*

et élytres en ligne droite ou presque droite à la base. *Cabirus.*

Genre *Pedinus* ; PEDINE, Latreille ([1]).

(πεδῖνος, qui habite la plaine.)

CARACTÈRES. *Prothorax* échancré en arc sur toute la largeur
de la base. *Élytres*, prises ensemble, arquées en devant.

A ces caractères on peut ajouter les suivants :

Antennes parfois aussi longuement ou un peu plus longuement prolongées que les côtés du prothorax, parfois dépassant
à peine les deux tiers de la longueur de ceux-ci, surtout chez la
♀ ; à troisième article d'un tiers ou de moitié plus grand que le
quatrième : les cinquième à septième obconiques : les huitième
à dixième ordinairement plus larges que longs (♀), à peine
aussi larges ou moins larges que longs (♂) : le dernier, ovalaire
Prothorax à strie latérale généralement visible en dessus ; à
strie basilaire plus ou moins largement interrompue dans son
milieu ; marqué assez souvent, surtout entre le dos et les côtés
(qui sont finement ponctués), de points en losange, plus ou
moins allongés, séparés par des intervalles étroits, paraissant,
par là, plus ou moins saillants et constituant une sorte de réseau.
Élytres à stries plus ou moins prononcées : la première, courbée

---

([1]) LATR. Précis des caract. génér. des insectes (1796), p. 20.

en dehors à sa partie antérieure : les troisième et quatrième ordinairement unies à leur extrémité, ainsi que les cinquième et
huitième: celles-ci, enclosant les sixième et septième qui sont
plus courtes; mais offrant souvent des variations dans les unions
de ces troisième à huitième stries. *Repli* ordinairement plus
large en devant que l'épisternum du médipectus. *Dessous du
corps* toujours rayé sur les côtés de l'antépectus de rides longitudinales ou sillons étroits. *Cuisses* sillonnées en dessous : celles
de devant, et plus visiblement et plus constamment les postérieures, garnies en dessous, chez le ♂, de poils épais et plus ou
moins allongés et flavescents : toutes glabres chez la ♀ : les intermédiaires et surtout les postérieures arquées, plus sensiblement chez le ♂ que chez la ♀. *Jambes* de formes variables :
celles des deux dernières paires de pieds droites, comprimées, râpeuses et marquées de gros points sur les deux
tiers postérieurs de leur côté externe chez la ♀, plus lisses et
moins ponctuées chez le ♂: les antérieures plus fortement élargies chez ce dernier sexe, offrant à l'extrémité de leur arête
externe une échancrure plus grande, chargées en dessous d'une
carène longitudinalement arquée: ces mêmes jambes planes et
râpeuses en dessous, chez la ♀. *Jambes intermédiaires* du ♂
comprimées sur la majeure partie de leur longueur, ordinairement en forme d'*S* peu arquée; souvent chargées aussi
au côté interne, chez le même sexe, d'une carène variable,
laissant une gouttière entre elle et l'arête dorsale externe, quand
cette carène est plus ou moins prononcée et se trouve près du
milieu de la face interne; mais d'autres fois nulle ou paraissant
se confondre avec l'arête inférieure; sans carène chez la ♀.
Jambes postérieures faiblement ou un peu inégalement élargies;
presque planes ou très-légèrement canaliculées en dessous chez
le ♂, parfois glabres, d'autres fois garnies de cils flavescents ou
d'un flave roussâtre; toujours glabres, chez la ♀.

A. *Jambes intermédiaires parallèles (♂♀) sur leurs deux tiers postérieurs. Intervalle voisin du repli en partie visible en dessous. (G. Vadalus).*

♂ *Jambes intermédiaires* arquées en dehors à la base, en ligne droite, postérieurement ; comprimées ; sans carène, subconvexes sur leur face interne. *Jambes postérieures* comprimées ; en forme d'arête, c'est-à-dire ni planes, ni canaliculées et dépourvues de poils en dessous. *Trois premiers articles des tarses antérieurs* dilatés médiocrement : le premier, à peine plus large que les deux tiers des jambes de devant, dans leur diamètre transversal le plus grand.

1. P. punctulatus.

Ovalaire ou ovale oblong ; arqué ; d'un noir peu luisant. Prothorax offrant une strie basilaire apparente ; peu réticuleusement ponctué. Élytres à stries légéres ou à rangées striales de points fossettes (quinze à vingt sur la quatrième strie). Intervalles paraissant imponctués. Jambes intermédiaires parallèles sur leurs deux tiers postérieurs.

Pedinus punctulatus (KINDERMANN) MM. CHEVROLAT et DEYROLLE in collect.

Long. 0,0100 à 0,112 (4 à 4 1/2 l.). Larg. 0,0056 (2 1/2 l.).

Corps longitudinalement arqué ; d'un noir peu luisant. *Tête* densement ponctuée ; transversalement sillonnée sur la suture frontale, et plus faiblement après les yeux. *Antennes* noires ; pubescentes ; à peine moins obscures à l'extrémité ; moins longuement prolongées que les angles postérieurs du prothorax ; à articles huitième à dixième, moniliformes, moins larges ou à peine aussi longs que larges, même chez le ♂. *Prothorax* élargi d'avant en arrière, plus sensiblement et en ligne plus visiblement courbe dans son premier tiers ou dans sa première moitié ; offrant presque vers celle-ci (♀) ou plus visiblement vers les angles postérieurs (♂), sa plus grande largeur; rayé d'une strie basilaire très apparente, prolongée en s'écartant du bord postérieur, depuis l'angle de derrière jusqu'au niveau de la troisième ou de la quatrième strie ; offrant vers chaque quart externe de la base les traces d'une faible fossette ; convexe (♀) ou médiocrement convexe (♂); ponctué d'une manière plus légère sur le dos, peu réticuleuse ou ayant de la tendance à la réticulation entre celui-ci et les côtés, avec le fond presque imperceptiblement pointillé. *Ecusson* en triangle une fois plus large que long; presque impointillé. *Elytres* presque parallèles jusqu'aux trois cinquièmes (♂),ou faiblement élargies du huitième à la moitié (♀);convexes; à stries légères ou à rangées striales de points fossettes, en général étendus chez le ♂ presque jusqu'à la moitié de chaque intervalle, souvent moins gros, ♀, ou transformés en points ou points fossettes linéaires (environ quinze à vingt sur la quatrième strie). *Intervalles* superficiellement et très-densement pointillés, paraissant imponctués à la vue ; peu lisses ; subconvexes ou un peu en toit. *Dessous du corps* et *pieds* d'un noir peu luisant. *Prosternum* plan, rayé de trois ou quatre lignes ou sillons étroits parfois en partie confondus: côtes séparant ces sillons ponctuées sur leur arête. *Postépisternums* ponctués d'une manière presque réticuleuse.

Patrie : la Turquie, (collect. Chevrolat, Deyrolle).

♂ *Cuisses de devant* glabres en dessous. *Jambes antérieures* dilatées assez fortement de la base à l'extrémité ; sensiblement arquées et peu visiblement denticulées sur leur arête externe ; échancrées sur le cinquième environ de la longueur de celle-ci; aussi larges dans leur diamètre transversal le plus grand que les deux septièmes ou le tiers de la longueur de leur arête inférieure. *Jambes intermédiaires* arquées à la base, subparallèles dans leurs deux tiers postérieurs, denticulées sur l'arête externe, sans arête et subconvexes sur leur face interne. *Jambes postérieures* glabres et presque planes en dessous.

♀ *Jambes antérieures* et *intermédiaires* comme chez le ♂: celles-ci plus sensiblement denticulées sur l'arête. *Jambes postérieures* comprimées, graduellement et assez faiblement élargies. *Tarses antérieurs* sans dilatation.

Obs. Cette espèce est très-facile à reconnaître, par les points
fossettes de ses élytres, et surtout par la forme de ses jambes
intermédiaires.

AA *Jambes intermédiaires* plus ou moins élargies depuis la
base jusqu'à l'extrémité. *Repli des élytres* à peu près la
seule partie de celles-ci visible en dessous. (*G.Pedinus*).

B *Bord postérieur du prothorax* régulièrement arqué.

♂ *Jambes intermédiaires* généralement arquées en
dehors dans la première moitié de leur arête externe, en sens contraire dans la seconde ; comprimées ; étroites à la base, graduellement élargies
jusqu'aux trois cinquièmes de leur arête inférieure,
plus sensiblement dilatées à partir de ce point, tantôt subarrondies sur cette arête inférieure vers le
commencement de cette partie dilatée, tantôt anguleuses ou même armées d'une dent. *Trois premiers
articles des tarses antérieurs* dilatés et plus ou moins
ciliés : le premier, presque aussi large que les jambes
dans leur diamètre transversal le plus grand (¹).

α. Prothorax convexement déclive à son bord postérieur
et n'offrant pas ou offrant à peine des traces de la strie
basilaire : quatrième strie des élytres marquée de vingt-
six points à peine.   *Olivieri*

αα. Prothorax offrant une strie basilaire sur les parties
externes du bord postérieur : quatrième strie des élytres marquée au moins de vingt-huit points.

β. Cinquième et sixième stries des élytres profondes en
devant : la sixième, incourbée à son extrémité antérieure, ordinairement jusqu'à la cinquième. Prosternum ordinairement trisillonné. Jambes intermédiaires des ♂ armées, à l'angle antéro-inférieur de la
dilatation, d'une forte dent, égalant au moins la moi-
tié de la largeur des dites jambes.   *quadratus.*

(¹) Le P. *volgensis* fait exception à ce caractère, et offre les tarses antérieurs des ♂
moins larges que chez les autres espèces.

ββ. Cinquième et sixième stries non profondes en devant.

γ. Prothorax élargi d'une manière plus ou moins graduelle d'avant en arriére, offrant vers la base sa plus grande largeur; réticuleusement ponctué; à strie basilaire ne s'écartant pas du bord postérieur.

δ. Prosternum rayé de deux sillons longitudinaux , avec la partie intermédiaire aussi saillante que les latérales. Jambes intermédiaires du ♂ armées en dessous d'une forte dent, non en gouttière sur leur aréte externe ou au côté interne de celle-ci. Tarses antérieurs de la ♀ faiblement mais sensiblement dilatés.   *helopioides.*

δδ. Prosternum rayé d'un sillon médiaire au moins en devant ; souvent concave. Jambes intermédiaires du ♂ simplement anguleuses en dessous; canaliculées sur les deux tiers postérieurs de leur arète externe ou plutôt au côté interne de celle-ci. Tarses antérieurs de la ♀ grèles.   *gibbosus.*

γγ. Prothorax offrant ordinairement vers la moitié de ses côtés ou près de celle-ci sa plus grande largeur ; rarement aussi large ou un peu plus large vers la base, surtout chez la ♀, mais alors prothorax non réticuleux et offrant la strie basilaire s'écartant du bord postérieur.

ι. Prothorax ponctué d'une manière plus ou moins réticuleuse. Jambes intermédiaires du ♂ anguleuses ou obtusément anguleuses.

ζ. Prosternum plan ou plus ou moins concave.

η. Stries des élytres marquées de trente-six à quarante points sur la quatrième. Prothorax réticuleux. Jambes postérieures du ♂, glabres.

θ. Prosternum ordinairement rayé de deux lignes ou sillons. Élytres offrant en largeur, réunies, les deux tiers de leur longueur.   *fallax.*

θθ. Prosternum presque plan, creusé postérieurement d'une fossette. Élytres offrant en largeur, réunies, les trois cinquièmes de leur longueur.   *gracilis.*

m. Stries des élytres marquées de points qui les débordent plus ou moins notablement (trente-deux
sur la quatrième): les sixième et septième non incourbées en devant. Jambes du ♂ ciliées en dessous presque sur toute leur longueur.   *punctato-striatus.*

zz. Prosternum convexe, à deux sillons divisant longitudinalement sa surface en trois côtes assez
faibles : la médiaire plus saillante. Élytres à stries
marquées de quarante-deux à quarante-cinq points
sur la quatrième : les sixième et septième ordinairement incourbées à leur partie antérieure.
Jambes postérieures des ♂ garnies seulement vers
l'extrémité de cils ou d'un duvet flavescent.   *meridianus.*

ss. Prothorax ponctué d'une manière non réticuleuse.
Stries des élytres marquées de points ne les débordant pas ou les débordant à peine.

   ι. Prosternum relevé sur les côtés à partir du
milieu, assez tranchant sur les bords, au
moins chez le ♂ ; rayé de deux à cinq lignes
ou sillons ; non relevé en pointe à l'extrémité.
Corps suballongé, très-obtusément arqué
longitudinalement, au moins chez le ♂.
Jambes intermédiaires de celui-ci non anguleuses en dessous.

   κ. Prosternum ovale ou ovale oblong. Prothorax ponctué avec tendance à la réticulation entre le dos et les côtés.

   λ. Prosternum sans relief longitudinal médiaire saillant. Prothorax sans traces de ligne
longitudinale médiane. Jambes antérieures
du ♂ sans échancrure sur leur arête inférieure. Jambes postérieures du même glabres, ponctuées, un peu râpeuses.   *fatuus.*

   λλ. Prosternum à deux sillons ponctués ou finement granuleux, séparés par un faible relief. Prothorax offrant les traces d'une ligne
longitudinale médiaire. Jambes antérieures
du ♂ profondément échancrées vers le mi-

lieu de leur arête inférieure : les postérieures ciliées sur toute leur longueur.　　*oblongus.*

××. Prosternum subcordiforme, au moins chez
le ♂. Prothorax assez finement ponctué sans
tendance à la réticulation.

μ. Prosternum rayé de deux ou trois lignes.
Moitié de la base de l'écusson égale au
moins au quart de celle de chaque étui.
Jambes antérieures du ♂ grêles ou faiblement élargies à la base, assez légèrement échancrées vers le milieu de leur
arête inférieure ou interne : les postérieures garnies de poils jusqu'aux quatre
cinquièmes.　　*Schaumii.*

μμ. Prosternum rayé de cinq lignes ou
sillons étroits. Moitié de la base de l'é-
cusson à peine égale au cinquième de la
base de chaque étui. Jambes antérieures
du ♂ sans échancrure sensible vers la
moitié de leur arête inférieure : les postérieures sillonnées et garnies de poils
seulement jusqu'à la moitié.　　*subdepressus.*

ɥ. Prosternum rebordé dans sa périphérie, plus
ou moins sensiblement relevé en pointe à son
extrémité. Jambes postérieures du ♂ glabres
en dessous.

ν. Prosternum rayé de lignes soit ponctuées ou sinuées, soit obliquement croisées; paraissant finement granuleux ou
presque réticuleusement rayé ou ponctué
sur la partie enclose par le rebord.

ξ. Stries des élytres marquées de trente-
sept à quarante points sur la quatrième.
Jambes intermédiaires du ♂ anguleuses
ou armées d'une dent en dessous.

ο. Prothorax arqué sur les côtés, offrant
vers les trois cinquièmes sa plus grande
largeur. Jambes intermédiaires du ♂

anguleuses vers les trois cinquièmes de
l'arête inférieure : les postérieures sinuées vers les deux cinquièmes de l'a-
rête externe. . . . . *natolicus.*

∞. Prothorax presque parallèle dans sa
seconde moitié. Jambes intermédiaires
du ♂ armées d'une dent vers les trois
cinquièmes de leur arête inférieure: les
postérieures non sinuées sur leur arête
externe. . . . . *curvipes.*

ξξ. Stries des élytres marquées de quarante-deux à quarante-quatre points sur
la quatrième. Jambes intermédiaires du
♂ en ligne courbe, c'est-à-dire sans
angle ni dent sur leur arête inférieure. *femoralis.*

νν. Prosternum soit simplement ponctué,
soit rayé de lignes ou de sillons étroits
non ponctués. Jambes intermédiaires des
♂ non anguleuses en dessous.

π. Elytres offrant en largeur (prises ensemble) plus des deux tiers de leur
longueur. Prosternum rayé de trois
lignes raccourcies. Quatrième strie des
élytres notée ordinairement de trente
à trente-huit points. . . . . *curtulus.*

ππ. Élytres offrant en largeur (prises
ensemble) moins des deux tiers de
leur longueur.

ρ. Quatrième strie des élytres notée ordinairement de trente-six à quarante
points. Prosternum rebordé et chargé
ordinairement d'un relief plan dans
son milieu. Prothorax offrant ordinairement un peu avant le milieu
sa plus grande largeur. . . . . *tauricus.*

ρρ. Quatrième strie des élytres notée
ordinairement de quarante à quarante-cinq points.

σ. Prothorax offrant ordinairement
vers la base sa plus grande largeur.
Jambes intermédiaires du ♂ sensiblement concaves sur la seconde
moitié de leur arête externe.   *aequalis.*

σσ. Prothorax offrant ordinairement
un peu avant le milieu sa plus
grande largeur. Jambes intermédiaires du ♂ en ligne presque droite
sur les deux tiers postérieurs de son
arête externe.   *volgensis.*

1. P. Olivieri.

*Oblong; d'un noir peu luisant. Prothorax convexement déclive à son bord
postérieur et presque sans strie basilaire apparente ou bien marquée; réticuleux ou presque réticuleux, au moins entre le dos et les côtés. Élytres à
stries légères ou peu profondes, marquées de gros points ou d'assez gros points
qui les débordent notablement (environ vingt-cinq sur la quatrième strie).
Intervalles paraissant imponctués. Postépisternums réticuleusement ponctués
ou rayés de lignes longitudinales entre-croisées.*

Pedinus Olivieri Chevrolat in litter.

Pedinus punctatus (Kindermann) in museo D. Perroud.

Long 0,0090 à 0,0100 (4 à 4 1/2 l.). Larg. 0,0039 à 0,0045 (1 3/4 à 2 l.).

Corps oblong; plus ou moins arqué; noir, soyeux sur le
prothorax, luisant sur les élytres. *Tête* marquée de points ronds,
assez épais, plus petits sur l'épistome que sur le front; légèrement
sillonnée sur la suture frontale et plus faiblement après les yeux.
Antennes noires, graduellement moins obscures, d'un brun fauve
à l'extrémité. *Prothorax* élargi en ligne médiocrement courbe
jusqu'aux trois cinquièmes, presque parallèle ensuite, paraissant quelquefois élargi presque jusqu'à l'extrémité; convexement
déclive sur toute la longueur de son bord postérieur, n'offrant
pas ou offrant à peine les traces d'une strie basilaire; médiocrement convexe; plus ou moins réticuleusement ponctué, au

moins entre le dos et les bords latéraux. *Ecusson* à peine pointillé. *Elytres* presque parallèles jusqu'aux trois cinquièmes ♂;
médiocrement on peu fortement convexes; à stries légères (les
trois premières ordinairement un peu moins que les autres), marquées vers leur partie antérieure de points arrondis, les débordant notablement et laissant transversalement sur chaque intervalle un espace parfois à peine plus grand que leur diamètre,
graduellement moins gros et généralement un peu allongés vers
la partie postérieure (environ vingt-cinq de ces points sur la quatrième strie). *Intervalles* à peine convexes; paraissant imponctués, mais parcimonieusement pointillés sur un fond presque
lisse et cependant presque imperceptiblement pointillé, vu à une
très-forte loupe. *Dessous du corps* et *pieds* d'un noir luisant.
Prosternum rebordé, parfois chargé dans son milieu d'un relief
longitudinal qui fait paraître sa surface bissillonnée, d'autres fois
concave sur cette partie médiaire. *Postépisternums* peu arqués au
côté interne; près de trois fois aussi longs que larges dans leur
milieu ; en réseau à mailles très-allongées et semblables à des
lignes entrecroisées.

PATRIE : l'Égypte, (muséum de Paris et collect. Chevrolat, suivant les exemplaires rapportés par Olivier); l'île de Crète (collection Perroud).

♂ *Jambes de devant* sensiblement arquées à la base; échancrées sur le sixième ou à peine sur le cinquième de leur arête
externe; élargies à partir de la partie basilaire arquée jusqu'à
l'extrémité; à peine plus larges dans leur diamètre transversal
le plus grand que les deux septièmes de leur longueur; ridées et
râpeuses au côté externe de la carène de leur face inférieure.
Jambes intermédiaires comprimées et dilatées, arrondies ou
très-émoussées vers les deux tiers ou un peu plus de leur arête
inférieure, c'est-à dire vers la partie anguleuse de cette dilatation,
souvent un peu sinuées entre ce point et l'extrémité ; presque
planes sur leur face interne, sans arête apparente. *Jambes pos-*

térieures peu ou point canaliculées en dessous ; pointillées ; glabres. *Tarses antérieurs* offrant les articles dilatés peu ou médiocrement ciliés ; médiocrement dilatés.

♀ Inconnue.

Obs. Cette espèce est très-reconnaissable à son prothorax convexement déclive sur toute la largeur de la base , n'offrant pas ou offrant à peine des traces de stries; à la grosseur et au nombre des points des stries ; à ses intervalles paraissant imponctués.

2. **P. quadratus**, Brullé.

Très-obtusément arqué longitudinalement ; noir , un peu soyeux sur le prothorax. Celui-ci élargi en ligne courbe juqu'à la moitié , presque parallèle ensuite, au moins sur le quart postérieur ; réticuleusement ponctué. Élytres à stries très-marquées : les cinquième et sixième généralement plus profondes, surtout en devant : la sixième incourbée à son extrémité antérieure, ordinairement jusqu'à la cinquième. Prosternum ordinairement trisillonné. Jambes intermédiaires du ♂ dentées en dessous ; non canaliculées sur l'arête externe. Tarses antérieurs de la ♀ sensiblement dilatés.

Pedinus quadratus. Brullé, Expédit. scient. de Morée (1832) p. 205 nº 556, pl. 40, fig. 14 ♂ (suivant l'exemplaire typique existant au muséum de Paris).

Long. 0,0100 à 0,0112 (4 1/2 à 5 l.). Larg. 0,048 à 0,0056 (2 1/8 à 2 1/2 l.).

Corps très-obtusément arqué longitudinalement ; noir, un peu soyeux sur le prothorax. *Tête* marquée de points rapprochés ; ordinairement sillonnée sur la suture frontale et d'une manière plus obsolète après les yeux. *Antennes* noires, avec les derniers articles moins obscurs : le dernier fauve ou d'un fauve testacé. *Prothorax* élargi en ligne courbe jusqu'à la moitié environ, ordinairement presque parallèle ensuite, ou du moins sur le quart ou le tiers postérieur ; assez faiblement convexe ; ponctué, d'une manière réticuleuse au moins entre le dos et les bords latéraux.

Élytres subparallèles (♂♀) jusqu'aux deux tiers ; très-médiocrement convexes; à stries très-marquées : les cinquième, sixième et septième plus profondes surtout en devant : la sixième courbée vers la cinquième à son extrémité antérieure, et ordinairement liée à celle-ci : ces stries marquées de points rendus peu visibles sur les cinquième à septième, surtout postérieurement, par la profondeur de ces stries, débordant à peine les autres (environ quarante-cinq de ces points sur la quatrième strie). *Intervalles* densement et finement ponctués, sur un fond presque imperceptiblement pointillé ; presque égaux, les trois premiers souvent un peu plus larges en devant : les quatre premiers plans en devant, les suivants convexement déclives sur le bord des stries. *Dessous du corps* et *pieds* d'un noir luisant. *Tarses* à peine moins obscurs. *Prosternum* le plus souvent creusé sur sa partie élargie de trois sillons, qui divisent sa surface en quatre côtes, rarement à deux ou quatre sillons; ordinairement un peu concave. *Postépisternums* deux fois et demie environ aussi longs que larges dans leur diamètre le plus grand; offrant ordinairement un peu avant la moitié leur plus grande largeur.

Patrie : la Grèce, (muséum de Paris, *type*; collect. Chevrolat, Deyrolle, de Marseul, de Motschoulsky, Perroud, Reiche); la Sicile, (muséum de Paris) ; la Troade, (muséum de Paris).

♂ *Cuisses antérieures* ciliées de flave en dessous, sur leur moitié basilaire; ornées vers celle-ci d'une sorte de plaque de poils d'un flave rosé. *Jambes de devant* peu ou point arquées ; graduellement élargies; échancrées à l'extrémité de leur arête extérieure sur le cinquième de leur longueur; aussi larges vers le commencement de cette échancrure que le tiers environ de leur longueur; garnies d'une touffe de poils vers l'extrémité de leur arête inférieure; chargées sur leur face interne ou inférieure d'une carène rapprochée de l'arête interne, laissant au côté externe de cette carène un espace en triangle allongé, râpeux. *Jambes intermédiaires* munies ordinairement vers les deux tiers

de leur arête inférieure, c'est-à-dire vers l'angle antéro-inférieur
de leur dilatation, d'une forte dent, au moins aussi saillante que
la moitié ou les deux tiers de leur largeur, en ligne droite à
son côté inférieur, qui forme un angle droit avec la partie postérieure de l'arête inférieure ; planes ou presque planes sur leur
face interne, sensiblement renflées au niveau de la dent. *Jambes
postérieures* presque droites ; canaliculées en dessous, offrant le
rebord externe de ce canal un peu échancré jusqu'aux deux tiers :
le rebord interne un peu plus saillant vers la moitié ; garni de
poils flaves vers celle-ci et à l'extrémité. *Tarses antérieurs*
offrant les articles dilatés, longuement ciliés : les *intermédiaires*
grêles.

♀ *Jambes de devant* échancrées à l'extrémité de leur arête
externe sur le sixième ou septième de la longueur. *Tarses antérieurs* très-faiblement dilatés et d'une manière graduellement
plus faible du premier au troisième article.

OBS. Cette espèce est généralement très-reconnaissable par sa
taille ; par son corps très-obtusément arqué, proportionnellement plus large et moins convexe que les espèces suivantes ;
surtout par ses cinquième à septième stries des élytres plus
profondes, et par son prosternum trisillonné. Toutefois, quelques-uns de ces caractères principaux se montrent parfois affai-
blis ou peu reconnaissables. Ainsi, parfois la sixième strie ne
se lie pas toujours en devant à la cinquième ; les sillons de la
partie élargie du prosternum sont parfois plus ou moins oblitérés, (quelquefois cette partie semble n'offrir que deux sillons,
cependant on voit souvent alors les traces du troisième, d'autres
fois au contraire on compte quatre lignes peu nettement tracées) ;
l'union des stries à leur partie postérieure est variable. Souvent
les troisième et quatrième, sixième et septième sont pariale-
ment liées ; d'autres fois ce sont les quatrième et cinquième, et
sixième et septième ; quelquefois les troisième et quatrième,
cinquième et sixième, septième et huitième ; parfois enfin les

quatre ou cinq premières ou même toutes semblent isolées à leur extrémité. Enfin la dent des jambes intermédiaires des ♂, par une anomalie plus singulière, mais rare, se montre chez quelques individus, soit seulement à l'un des pieds, soit sur tous les deux, réduite à une saillie anguleuse.

Nous avons vu dans quelques collections des individus paraissant un peu moins larges que les autres, inscrits sous le nom de *P. coarctatus* (PARREYS). Dans d'autres cartons cette dénomination était appliquée au *P. helopioides* ♂, dont les élytres sont plus étroites que celles de la ♀. Quoi qu'il en soit, le nom de *coarctatus* doit disparaître du catalogue destiné à enregistrer les espèces des Pédines.

Le *Pedinus costatus* (CHEVROLAT) GAUBIL catal. p. **219**, suivant l'exemplaire communiqué par M. Gaubil, n'est autre qu'un *P. quadratus* de petite taille 0,0095 (4 1/4 l.).

3. **P. helopioides**, Germar.

Ovalaire; plus ou moins arqué; d'un noir luisant. Prothorax presque graduellement élargi d'avant en arrière; réticuleusement ponctué. Élytres à stries très-apparentes, marquées de points au moins aussi prononcés (environ quarante-deux sur la quatrième strie). Intervalles assez finement ponctués. Prosternum rebordé, avec la partie médiaire au moins aussi saillante que le rebord. Jambes intermédiaires du ♂ dentées en dessous, subconvexes et sans carène sur leur face interne. Tarses antérieurs de la ♀ sensiblement dilatés.

Blaps helopioides. GERMAR, Reise nach Dalmatien p. 190 n° 59 (suivant les exemplaires typiques communiqués par MM. Germar et Schaum).

Pedinus helopioides, Germar AHRENS, Faun. Ins. Eur. fasc. 2 (1812) n° 2 fig. 2 ♀ . a, pieds antérieurs (♂). b. pieds intermédiaires (♂). c. pieds postérieurs (♂).

Pedinus gibbosus, GORY, in GUÉRIN, Règne anim. de CUVIER p. 117 pl. 29 fig. 13 (détails) suivant M. Brullé.— BRULLÉ, Expéd. scientif. de Morée p 206, n° 257 (♀) (suivant l'exemplaire typique existant au muséum de Paris).

Long. 0,090 à 0,0112 (4 à 5 l.). Larg. 0,0039 à 0,0053 (1 3/4 à 2 1/3 l.).

Corps arqué longitudinalement, surtout chez la ♀ ; d'un noir luisant ; à reflets un peu soyeux sur le prothorax. *Tête* assez densement ponctuée ; légèrement sillonnée sur la suture frontale et après les yeux. *Antennes* noires, passant graduellement au châtain et au châtain fauve, ou même au fauve sur le dernier article. *Prothorax* élargi d'une manière presque graduelle et faiblement arquée ; offrant sa plus grande largeur vers les angles postérieurs qui sont ordinairement un peu émoussés ; convexe ou médiocrement convexe en dessus ; réticuleusement ponctué ou presque réticuleusement ponctué sur le dos, toujours réticuleux entre cette partie et les bords latéraux qui sont finement pointillés. *Elytres* médiocrement convexes ; à stries très-apparentes, ordinairement plus faibles en devant qu'à leur partie postérieure, marquées de points qui les débordent sensiblement (environ quarante à quarante-deux sur la quatrième strie). *Intervalles* plans ou presque plans ; assez densement ponctués, sur un fond presque imperceptiblement pointillé. *Repli* presque lisse. *Prosternum* rebordé après les hanches ou offrant sa surface divisée par deux stries ou sillons très-prononcés constituant de chaque côté un rebord convexe et une partie médiaire ordinairement plus large et généralement aussi saillante ou plus saillante que les rebords. *Postépisternums* deux fois et quart environ aussi longs que larges dans leur diamètre transversal le plus grand ; offrant ordinairement avant le milieu de leur longueur leur plus grande largeur ; habituellement aussi larges ou presque aussi larges vers ce point que le repli, dans sa partie voisine. *Dessous du corps* et *pieds* d'un noir luisant : *tarses* moins obscurs

Patrie : la Hongrie, la Dalmatie, (collect. Germar, *type*; Aubé, Chevrolat, de Marseul, Perroud, Reiche) ; les îles Ioniennes, (collect. Chevrolat, Deyrolle) ; la Morée, (muséum de Paris).

♂ *Elytres* ordinairement rétrécies d'une manière sensible jusqu'aux deux tiers et d'une manière plus marquée ensuite.

Jambes de devant légèrement arquées sur l'arête externe, à peu
près droites sur l'interne; un peu inégalement élargies; échancrées à l'extrémité de leur arête externe, sur le cinquième environ
de la longueur; à peine plus larges dans leur diamètre transversal le
plus grand, que le quart de la longueur de leur arête interne; chargées sur leur face inférieure ou interne d'une carène assez rapprochée de l'arête interne, cette carène laissant à son côté externe
un espace triangulaire médiocrement développé. *Jambes intermédiaires* armées, vers les trois cinquièmes de leur arête inférieure, d'une dent au moins aussi longue que la moitié ou les
deux tiers de leur longueur, en ligne droite à son côté inférieur
et formant un angle droit avec la partie postérieure de l'arête,
parallèles ou presque parallèles après cette dent; convexes sur leur
face interne, brièvement sillonnées sur cette face au côté interne de
la dent. *Jambes postérieures* légèrement arquées; presque planes ou à peine canaliculées en dessous jusqu'aux cinq sixièmes
ou six septièmes; sensiblement sinuées ou échancrées depuis les
deux cinquièmes jusqu'à l'extrémité de leur partie plane; glabres.
Tarses antérieurs offrant leurs trois premiers articles longuement
ciliés : les *intermédiaires* assez faiblement mais sensiblement
dilatés.

♀ *Élytres* élargies d'une manière plus ou moins faible jusqu'à la moitié. *Jambes* droites : les intermédiaires légèrement
incourbées des trois quarts à l'extrémité de leur arête externe.
Tarses antérieurs offrant les trois premiers articles faiblement
mais sensiblement dilatés.

Obs. La partie élargie du prosternum est rayée de deux striés
et offre, par là, chaque rebord latéral et une partie médiaire convexe ou trois sortes de côtes longitudinales convexes : la médiaire
ordinairement plus large, aussi saillante ou plus saillante que
les latérales; rarement cette disposition est peu reconnaissable.
Cette espèce est facile à distinguer de la précédente par son corps
en général plus arqué; par son prothorax élargi d'avant en ar-

rière d'une manière plus ou moins régulière; par les stries des élytres peu profondes, ordinairement affaiblies en devant, un peu débordées par des points plus enfoncés qu'elles; par la sixième strie non liée en devant à la cinquième; par son prosternum creusé seulement de deux stries ou sillons sur sa partie élargie. Les ♂ surtout sont faciles à reconnaître, à leurs jambes de devant dépourvues de poils à l'extrémité de leur arête inférieure, à leurs jambes postérieures glabres et planes en dessous presque jusqu'à l'extrémité.

Cet insecte nous a été envoyé par feu Solier comme étant le *P. gibbosus* de Dejean.

4. P. gibbosus.

Ovalaire; plus ou moins arqué; d'un noir luisant. Prothorax élargi presque graduellement d'avant en arrière; ponctué d'une manière réticuleuse ou presque réticuleuse. Élytres à stries très-apparentes, en général peu profondes et ponctuées (environ quarante-deux points sur la quatrième strie). Intervalles assez finement ponctués. Prosternum plan ou concave; rayé d'un sillon médiaire, linéaire; parfois chargé d'une ligne élevée de chaque côté de ce sillon étroit; d'autres fois chargé d'une ligne élevée à la place de ce sillon. Jambes intermédiaires du ♂ chargées d'une carène sur leur face interne. Tarses antérieurs de la ♀ non dilatés.

Pedinus affinis, Brullé, Expéd. scient. de Morée, p. 206, n° 258 (♀) (suivant l'exemplaire typique existant au muséum de Paris).

Long. 0,0084 à 0,0096 (3 3/4 à 4 1/4 l.). Larg. 0,0045 à 0,0051 (2 à 2 1/4 l.).

Corps plus ou moins arqué longitudinalement; d'un noir luisant. *Tête* couverte de points très-serrés; marquée transversalement d'un sillon assez léger sur la suture frontale et après les yeux. *Antennes* noires, passant au brun et au brun fauve sur les derniers articles. *Prothorax* élargi en ligne à peine courbe jusqu'aux angles postérieurs ; assez convexe ; ponctué, d'une manière réticuleuse ou presque réticuleuse, soit parfois sur toute sa surface, soit au moins sur l'espace compris entre le dos et les côtés. *Élytres* faiblement mais sensiblement et graduellement rétrécies jusqu'aux trois cinquièmes (♂), ou faiblement élargies jusqu'au milieu (♀) ; médiocrement convexes ; à stries très-apparentes, étroites, marquées de points les débordant faiblement (environ quarante-deux de ces points sur la quatrième strie) : la sixième strie souvent un peu incourbée en devant. *Intervalles* plans ou à peu près ; plus ou moins finement pointillés, sur un fond presque imperceptiblement pointillé. *Dessous du corps* d'un noir très-brillant. *Prosternum* ordinairement presque plan et rayé longitudinalement sur sa partie médiaire, tantôt sur toute sa longueur, tantôt seulement sur le cinquième ou le quart antérieur de la partie élargie, et, dans ce cas, ordinairement concave et offrant de chaque côté de la partie médiaire un sillon ou quelquefois deux lignes ou sillons courts et obliques, en partie oblitérés. *Postépisternums* rétrécis en devant ; offrant après leur milieu leur plus grande largeur ; près de trois fois aussi longs que leur diamètre transversal le plus grand.

Patrie : la Grèce, (muséum de Paris ; collect. Chevrolat, Deyrolle, de Marseul) ; la Dalmatie, (Reiche).

♂ *Jambes de devant* presque droites ; élargies presque régulièrement ; échancrées sur les deux septièmes de leur longueur, à l'extrémité de leur arête externe ; près de quatre fois aussi longues que larges dans leur diamètre transversal le plus grand ; chargées, sur leur face inférieure ou interne, d'une carène presque située sur la moitié de la largeur vers la moitié de la longueur, et laissant ainsi assez large la gouttière interne. *Jambes intermédiaires* dilatées en carré long sur leurs deux cinquièmes postérieurs, avec l'angle antéro-inférieur de cette dilatation prononcé, mais non armé d'une dent; plus ou moins sinuées ou entaillées entre cet angle et l'extrémité; chargées d'une carène sur leur face interne, et par là canaliculées sur les deux tiers postérieurs au côté interne de leur arête externe, avec les bords de cette gouttière échancrés en arc sur la majeure partie de leur longueur. *Jambes postérieures* assez faiblement canaliculées en dessous jusqu'aux six septièmes, avec le bord interne de cette légère gouttière un peu saillant en forme de large et faible dent vers le tiers de la longueur, et paraissant échancré avant et après ce point; garnies de poils flaves vers l'extrémité de la gouttière. *Tarses antérieurs* offrant les articles dilatés longuement ciliés de roux : les *intermédiaires* grêles.

♀ Jambes droites; glabres. *Tarses antérieurs* peu ou point dilatés.

Obs La partie élargie du sternum est ordinairement plane, quelquefois munie d'un rebord saillant et paraissant alors soit concave, soit plus communément plane sur la surface enclose par ce rebord. Cette partie plane ou concave est ordinairement rayée d'un sillon longitudinal, étroit ou linéaire, parfois chargée de chaque côté de ce sillon d'une saillie linéaire; quelquefois le sillon médiaire est remplacé par une ligne élevée. Chez divers exemplaires le sillon médiaire n'est visible que sur le quart et le cinquième antérieur et oblitéré postérieurement. Malgré toutes ces variations, ce prosternum est si différent de celui de l'espèce précédente qu'il suffit pour faire distinguer facilement notre *P. gibbosus* du *P. helopioides.*

Le ♂ est d'ailleurs facile à séparer du *P. helopioides* par ses jambes intermédiaires n'offrant pas une dent forte (et coupée en dessous à angle droit avec le bord postérieur de l'arête inférieure); chargées d'une carène sur leur face interne, et, par là, canaliculées sur leur arête externe ou plutôt au côté interne de cette arête sur leurs deux tiers postérieurs.

Les ♀ offrent des caractères moins tranchés; mais autant que nous avons pu en juger par le nombre peu considérable d'individus nous ayant passé sous les yeux, celles du *gibbosus* ont les postépisternums généralement moins larges, offrant après le milieu leur plus grande largeur; les tarses antérieurs sans dilatation sensible. Il serait assez difficile de dire si le *P. gibbosus* de Dejean doit se rapporter à cette espèce ou à la précédente. Ces insectes n'ayant pas encore été nettement distingués par les auteurs, sont généralement confondus dans les collections, les ♀ surtout.

5. P. fallax.

Ovalaire; plus ou moins arqué; d'un noir luisant. Prothorax offrant vers la moitié ou un peu après, sa plus grande largeur; plus ou moins réticuleusement ponctué. Élytres à stries très-apparentes et marquées de points les débordant à peine (trente-huit à quarante sur la quatrième). Intervalles assez densement ponctués. Prosternum ordinairement presque plan, creusé de deux sillons raccourcis, avec la partie médiaire à peine plus large que les latérales; quelquefois sans sillons. Jambes intermédiaires des ♂ un peu obtusément anguleuses en dessous; chargées d'une carène sur leur face interne. Jambes postérieures glabres. Tarses antérieurs de la ♀ faiblement dilatés.

Blaps helopioides, var. GERMAR, Reise nach Dalmat., p. 191, 59 (suivant des exemplaires communiqués par MM. Germar et Schaum).

Long. 0,0087 à 0,0100 (3 7/8 à 4 1/2 l.). Larg. 0,0039 à 0,0048 (1 3/4 à 2 ./8 l.).

Corps ovalaire ou ovale oblong; plus ou moins arqué; d'un noir luisant. *Tête* assez densement ponctuée; sillonnée sur la suture frontale et légèrement après les yeux. *Antennes* noires à la base, graduellement brunes et d'un brun fauve ou testacé. *Prothorax* élargi en ligne courbe jusqu'à la moitié ou un peu plus, offrant vers celle-ci sa plus grande largeur, faiblement rétréci ensuite en ligne courbe; à strie basilaire, ne s'écartant pas ou s'écartant à peine du bord postérieur, mais alors paraissant plus large et lisse ; assez médiocrement convexe ; en général réticuleux sur toute sa surface, quelquefois cependant ponctué d'une manière réticuleuse ou presque réticuleuse seulement entre le dos et les côtés. *Écusson triangulaire*, à peine plus large à la moitié de sa base que le sixième de la largeur de chaque étui. *Élytres* offrant en largeur, réunies, les deux tiers de leur longueur ; presque parallèles ou faiblement rétrécies jusqu'aux trois cinquièmes (♂), ou sensiblement élargies vers la moitié de leur longueur (♀) ; à stries très-apparentes, rarement très-marquées, parfois assez légères ; notées de points qui ordinairement ne les débordent pas ou les débordent à peine (trente-huit à quarante sur la quatrième strie). *Intervalles* assez densement et peu finement ponctués, sur un fond imperceptiblement pointillé ; presque plans. *Dessous du corps* luisant. *Prosternum* ordinairement presque plan, creusé de deux sillons longitudinalement raccourcis, séparés par un espace à peine plus large que les bords ; quelquefois avec la périphérie plus saillante, faisant paraître le reste de sa surface plus enfoncé ; d'autres fois, au contraire, entièrement rempli et n'offrant pas ou offrant à peine les traces des sillons. *Postépisternums* ponctués d'une manière presque réticuleuse, offrant vers le milieu leur plus grande largeur.

Patrie : la Dalmatie, (collect. Germar, Chevrolat, Reiche) ; la Styrie, (muséum de Paris) ; la Sardaigne, la Russie méridionale, (collect. Deyrolle) ; le Caucase, (de Marseul).

♂ *Jambes de devant* élargies de la base à l'extrémité, paraissant se rétrécir faiblement sur leur arête interne à partir des deux tiers ; chargées sur leur face inférieure ou interne d'une carène occupant presque la région médiaire vers le milieu de la longueur, laissant ainsi très-large la gouttière voisine de l'arête interne. *Jambes intermédiaires* un peu obtusément anguleuses vers les deux tiers ou trois cinquièmes de leur arête inférieure ;

chargées, sur leur face interne, d'une carène prononcée, occupant à peu près la ligne médiaire de la largeur, laissant entre elle et l'arête externe une gouttière visiblement située sur cette face plutôt que de paraître appartenir à l'arête externe. *Jambes postérieures* presque planes et glabres en dessous.

♀ *Jambes* droites. *Tarses antérieurs* faiblement dilatés.

Obs. Cette espèce se distingue facilement des *P. helopioides* et *gibbosus* par son prothorax offrant vers le milieu ou un peu après sa plus grande largeur. Elle se rapproche du *P. helopioides* par son prosternum creusé de deux sillons; mais chez le *fallax* ces sillons sont moins nettement tracés, moins profonds en général, souvent en partie oblitérés et remplis, et la partie médiaire qui les sépare est ordinairement plane ou presque plane et à peine moins large que les rebords latéraux; ceux-ci sont habituellement plus plans et offrent moins l'apparence d'un rebord. Le ♂ s'éloigne visiblement de celui de l'*helopioides* par ses jambes intermédiaires simplement anguleuses, mais non armées d'une dent vers les deux tiers de leur arête inférieure. Il s'en distingue encore par la gouttière dont les mêmes jambes sont creusées au côté interne de leur arête externe.

Ces deux derniers caractères tirés des jambes du ♂, rapprochent le *P. fallax* du *gibbosus*; mais, chez le premier, la gouttière, ordinairement plus faible et moins profonde dont les jambes intermédiaires sont creusées, est plus déclive, c'est-à-dire est située au côté interne de l'arête externe, plutôt que de paraître reposer sur le dos de cette arête; le bord interne de cette gouttière est peu sensiblement échancré; les jambes postérieures de la même espèce, le sont d'une manière plus distincte sur le bord de leur très-légère gouttière; et ces jambes, chez les individus qui ont passé sous nos yeux, se sont montrées toujours dépourvues de poils à l'extrémité. Les caractères fournis par le prothorax et par le prosternum suffisent d'ailleurs pour séparer les *P. fallax* et *gibbosus*.

Cette espèce varie un peu, suivant les individus, sous le rapport de la manière plus ou moins prononcée dont le prothorax est réticulé ; de la légèreté ou de la force des stries et de la ponctuation. Nous l'avons vue, dans quelques collections, inscrite sous le nom d'*affinis*.

6. P. gracilis.

Oblong ; très-obtusément arqué ; d'un noir luisant. Prothorax offrant vers la moitié ou un peu après, sa plus grande largeur ; réticuleusement ponctué. Élytres offrant en largeur, réunies, les trois cinquièmes de leur longueur ; à stries très-marquées, notées de points les débordant faiblement (trente-six à trente-huit sur la quatrième). Intervalles assez densement ponctués. Prosternum ponctué, presque plan, creusé d'une fossette vers son extrémité. Jambes intermédiaires du ♂ obtusément anguleuses en dessous ; chargées d'une carène sur leur face interne. Jambes postérieures glabres.

Pedinus gracilis (Ziegler), teste D. de Mannerheim.

Long. 0,0084 (3 3/4 l.). Larg. 0,0036 (1 2/3 l.).

Patrie : la Dalmatie, (collect. Mannerheim).

L'exemplaire unique qui nous a passé sous les yeux a les caractères essentiels du *fallax ;* mais il a le corps proportionnellement plus étroit. Les élytres réunies égalent seulement en largeur les trois cinquièmes de leur longueur ; chez le *fallax* elles offrent en largeur les deux tiers de la longueur. Le prosternum est presque plan ou à peine concave et creusé d'une fossette vers son extrémité, caractère qui se rapproche de quelques-unes des modifications de la même pièce chez l'espèce précédente. Les pieds du ♂ n'offrent avec ceux du *P. fallax* que des différences à peine appréciables : la carène du côté interne semble, chez le *gracilis*, un peu moins rapprochée de l'arête inférieure, et les jambes de derrière semblent avoir les côtés de la partie presque plane en ligne presque droite ou plus indistinctement sinuée.

Il serait difficile de dire, d'après un seul exemplaire, si ces
faibles différences sont l'expression d'un caractère spécifique ou
d'une variation particulière.

7. P. punctato-striatus.

*Oblong ; obtusément arqué ; d'un noir luisant. Prothorax offrant
vers le tiers ou vers la moitié sa plus grande largeur ; ponctué, souvent d'une
manière r éticuleuse ou presque réticuleuse. Élytres à stries très-apparentes,
marquées de points plus profonds qui les débordent notablement (environ trente-
deux sur la quatrième ou parfois moins): les sixième et septième stries droites
en devant. Intervalles assez densement pointillés. Prosternum ordinairement
concave, à deux ou trois sillons peu profonds. Jambes postérieures du ♂
garnies de cils sur toute leur longueur.*

Pedinus punctato-striatus (ULLRICH) (DEJ.) catal. (1837) p. 212.
Pedinus Bassii, BAUDI in litter.

Long. 0,0078 à 0,0090 (3 1/2 à 4 l.). Larg. 0,0033 à 0,0042 (1 7/8 l.).

Corps très-obtusément arqué longitudinalement, presque
plan sur les trois cinquièmes antérieurs des élytres ; d'un noir
un peu luisant. *Tête* densement ponctuée; peu profondément sillonnée, sur la suture frontale. *Antennes* noires ou d'un noir
brun, avec le dernier article au moins d'un fauve livide. *Prothorax* arqué sur les côtés, c'est-à-dire élargi en ligne courbe
jusqu'au tiers environ ou parfois presque à la moitié, faiblement rétréci ensuite ; sensiblement plus large vers le tiers ou la
moitié de sa longueur que vers la base des élytres ; rayé d'une
strie basilaire avancée au moins depuis les angles postérieurs jusqu'à la quatrième strie, en tendant à s'écarter de la base ; très-
médiocrement convexe; couvert de points assez rapprochés, ayant
plus ou moins de tendance à constituer un réseau, entre le milieu
et les bords latéraux; quelquefois réticuleusement ponctué entre
ces parties ou sur presque toute sa surface. *Écusson* à peine égal
sur la moitié de sa base au cinquième de la largeur de chaque
étui; densement pointillé. *Élytres* presque parallèles jusqu'aux

trois cinquièmes (♂), ou un peu plus larges vers la moitié de leur longueur (♀); médiocrement ou très-médiocrement convexes ; à stries très-apparentes, marquées de points subarrondis plus profonds, les débordant plus ou moins, souvent d'un diamètre égal environ à la moitié de l'un des intervalles dorsaux (environ trente à trente-deux de ces points sur la quatrième strie) : les cinquième et septième stries, en ligne à peu près droite, et parallèles à leur extrémité antérieure. *Intervalles* presque plans ; assez densement ponctués, sur un fond paraissant impointillé, souvent peu uni ou presque ruguleux. *Dessous du corps* et *pieds* d'un noir luisant. *Prosternum* parfois presque plan et offrant en devant les traces de deux sillons, ordinairement concave, rayé de deux ou de trois sillons (très-rarement d'un seul) peu profonds ou obsolètes. *Postépisternums* deux fois et demie aussi longs que leur diamètre transversal le plus grand ; offrant vers la moitié ou un peu après, leur plus grande largeur.

Patrie : la Sicile, (Aubé, Baudi, Chevrolat, Deyrolle, Reiche); le Portugal, (Chevrolat).

♂ *Cuisses antérieures* un peu anguleusement dilatées en dessous, vers les trois cinquièmes; chargées sur leur côté inférieur ou interne d'une carène obtuse, laissant assez étroite la gouttière voisine de l'arête interne. *Cuisses postérieures* légèrement échancrées à l'extrémité. *Jambes de devant* assez faiblement arquées; élargies de la base à l'extrémité, mais échancrées vers le milieu de leur arête inférieure, dans la partie correspondante à la saillie anguleuse de la cuisse ; échancrées à l'extrémité de leur arête externe, sur le cinquième environ de la longueur; à peine aussi larges dans leur diamètre transversal le plus grand que le quart de leur arête inférieure. *Jambes intermédiaires* comprimées et dilatées dans leurs deux cinquièmes postérieurs, avec l'angle antéro-inférieur de cette dilatation, prononcé, souvent en forme de dent, suivant que la partie de l'arête inférieure qui le suit se montre plus ou moins entaillée ou échancrée ; chargées sur leur face interne d'une carène un peu obtuse, plus rapprochée de l'arête inférieure que de la dorsale , et , par là, offrant une gouttière peu marquée au côté interne de leur arête externe. *Jambes postérieures* canaliculées en dessous et garnies , sur presque toute la longueur de cette rainure , de longs cils flavescents. *Tarses antérieurs* offrant les articles dilatés, assez longuement ciliés : les *intermédiaires* presque aussi grêles que les postérieurs. *Jambes antérieures* peu sensiblement échancrées en dessous. *Tarses* peu ou point dilatés.

Obs. Cette espèce se distingue de toutes les précédentes par son corps proportionnellement plus étroit, très-obtusément arqué longitudinalement, c'est-à-dire presque plan sur le dos depuis le tiers postérieur du prothorax jusqu'aux trois cinquièmes au moins des élytres. Elle est en outre facile à reconnaître à son prothorax plus large vers le tiers ou vers la moitié, plus sensiblement arqué , rayé d'une strie basilaire qui s'écarte ou qui tend, à partir de l'angle, à s'écarter du bord postérieur, en se rapprochant du quart *externe* de la largeur de celui-ci; à ses élytres à stries fortement ou assez fortement ponctuées, c'est-à-dire marquées de points plus profonds que les stries et les débordant plus ou moins notablement; au nombre de ces points; à ses intervalles plus indistinctement pointillés sur le fond ; à son prosternum ordinairement concave , rayé de deux ou de trois sillons linéaires peu profonds, souvent obsolètes (quelquefois presque plan mais offrant alors vers le devant de la partie élargie les traces de deux sillons). Le ♂ se distingue de celui de toutes les autres espèces précédentes par ses cuisses antérieures plus sensiblement et presque anguleusement dilatées, vers les trois cinquièmes de l'arête inférieure ; par ses jambes de devant échancrées vers le milieu de leur arête inférieure ; par ses jambes postérieures hérissées de larges cils flavescents depuis le sixième basilaire jusqu'à l'extrémité.

La grosseur des points des stries varie. Quelquefois ils s'avancent presque jusqu'au tiers de chaque intervalle; d'autres fois ils débordent à peine les stries. Les intervalles sont ponctués tantôt d'une manière assez fine, tantôt d'une manière presque ruguleuse.

Nous avons vu dans la collection de M. Chevrolat, sous le nom de *P. oodes* deux individus provenant l'un de la Sicile, l'autre du Portugal, d'une taille un peu plus avantageuse, n'ayant que vingt-six à vingt huit points sur la quatrième strie, qui ne paraissent qu'une variété de cette espèce Ils en ont tous les autres caractères, même ceux très-distinctifs qui sont particuliers au ♂.

8. **P. meridianus.**

Ovale oblong; plus ou moins arqué; d'un noir peu luisant. Prothorax offrant vers la moitié, un peu avant ou après, sa plus grande largeur ; marqué de points ayant parfois de la tendance à la réticulation. Élytres à stries marquées de points les débordant à peine (environ quarante-deux à quarante-cinq sur la quatrième strie) : les sixième et septième stries ordinairement incourbées en devant. Intervalles densement ponctués. Prosternum rayé de deux sillons séparés par une côte convexe.

Long 0,0059 à 0,0078 (2 2/3 à 3 1/2 l.). Larg. 0,0033 à 0,0036 (1 1/2 à 1 2/3 l.).

Corps souvent obtusément arqué longitudinalement, c'est-à-dire presque plan depuis le tiers postérieur jusqu'aux trois cinquièmes des élytres chez le ♂, ordinairement moins plan ou arqué chez la ♀; assez faiblement ou médiocrement convexe ; d'un noir luisant. *Tête* couverte de points rapprochés ; assez légèrement sillonnée sur la suture frontale et plus obsolètement après les yeux. *Antennes* noires, avec les quatre ou cinq derniers articles moins obscurs, passant graduellement au brun fauve ou au fauve. *Prothorax* élargi d'abord en ligne courbe, parfois à peine jusqu'au tiers, d'autres fois jusqu'à la moitié ou rarement presque jusqu'aux trois quarts, presque parallèle ou à peine rétréci postérieurement ; offrant ordinairement vers la moitié ou un peu avant sa plus grande largeur; rayé d'une strie basilaire ordinairement avancée jusqu'au devant de la cinquième ou de la qua-

trième strie, en s'écartant du bord postérieur à partir du quart
externe de la largeur ; médiocrement convexe : marqué de points
analogues à ceux de la tête, offrant parfois entre le dos et les
bords latéraux une légère tendance à la réticulation. *Élytres* légèrement plus larges vers le tiers (♂) ou après la moitié (♀) ; à
stries peu ou médiocrement profondes, marquées de points les
débordant peu et d'un diamètre ordinairement égal au quart de
l'un des intervalles dorsaux (environ quarante-deux à quarante-
cinq de ces points sur la quatrième strie) : les sixième et septième
stries ordinairement incourbées d'une manière sensible à leur
extrémité antérieure : la plus voisine de la suture un peu anguleuse vers le septième ou le sixième de la longueur et antérieurement dirigée en ligne presque droite du côté externe. *Intervalles*
presque plans ; densement et assez finement ponctués, parfois
d'une manière légèrement ruguleuse, sur un fond très-finement
pointillé. *Repli* lisse ou légèrement pointillé. *Dessous du corps*
et *pieds* d'un noir luisant : *tarses* moins obscurs. *Partie élargie du prosternum* légèrement convexe, rayée de deux sillons
qui divisent sa surface en trois sortes de côtes longitudinales : la
médiaire à peine plus large et un peu plus saillante que les latérales. *Postépisternums* près de trois fois aussi longs que larges
dans leur diamètre transversal le plus grand ; presque d'égale
largeur, faiblement plus larges vers le milieu ou un peu après.

Patrie : le midi de la France, rare aux environs de Lyon, la
Corse, (collect. Chevrolat) ; la Lombardie, (collect. Baudi di Selve).

♂ *Cuisses de devant* renflées en dessous vers les trois cinquièmes ; chargées en dessous d'une carène obtuse, laissant assez
étroite la gouttière voisine de l'arête interne. *Jambes de devant*
élargies de la base à l'extrémité, peu sensiblement échancrées
sur le milieu de leur arête inférieure ; échancrées à l'extrémité
de leur arête inférieure sur le sixième environ de leur longueur ;
aussi larges, dans leur diamètre transversal le plus grand, que le
tiers à peu près de leur arête inférieure. *Jambes intermédiaires*

comprimées et dilatées en carré long sur leurs trois septièmes postérieurs, avec l'angle antéro-inférieur de cette dilatation prononcé;
souvent entaillées ou sinuées entre cet angle (qui semble alors offrir
l'image d'une courte dent) et l'extrémité; chargées sur leur face
interne d'une carène obtuse, occupant à peu près la ligne médiane de la largeur et laissant une gouttière peu profonde entre
elle et l'arête externe ou dorsale. *Jambes de derrière* presque
planes sur leur partie inférieure, peu sensiblement bissinuées
sur celle-ci; garnies vers l'extrémité de poils flavescents, fins et
parfois usés. *Tarses antérieurs* offrant leurs articles dilatés, brièvement ciliés : les *intermédiaires* faiblement dilatés : le deuxième
presque moins faiblement que le premier.

♀ *Jambes de devant* faiblement incourbées sur leur arête
inférieure; sans sinuosité. *Jambes* suivantes, droites. *Trois premiers articles des tarses antérieurs* faiblement dilatés: le premier moins faiblement que les autres.

Obs. Cette espèce se distingue des précédentes par sa taille
plus petite. Elle s'éloigne des *P. helopioides* et *gibbosus* par son
prothorax offrant vers la moitié de sa longueur sa plus grande
largeur ; du *P. fallax* par la strie basilaire de son prothorax s'écartant ou tendant ordinairement à s'écarter du bord
postérieur vers le quart externe de la largeur; par ses stries
sixième et septième incourbées ordinairement à leur extrémité
antérieure ; par la septième en général un peu anguleuse vers le
sixième antérieur ; surtout par son sternum convexe : les trois
derniers caractères, le dernier surtout, empêchent de la confondre avec le *P. punctato-striatus.* Elle s'éloigne encore de ce
dernier par son prothorax ponctué d'une manière ordinairement
moins réticuleuse ou moins rapprochée de la réticulation. Les
caractères que présente le ♂ rendent plus frappantes les différences qui existent entre ces insectes.

9. **P. fatuus**.

Oblong ; obtusément arqué ; d'an noir luisant. Prothorax offrant, vers la moitié ou plutôt après, sa plus grande largeur ; ponctué, avec tendance à la réticulation entre le dos et les côtés. Élytres à stries très-légères, marquées de points qui les débordent à peine (environ trente-huit sur la quatrième) : les sixième et septième à peine incourbées en devant. Intervalles plans, assez densement pointillés. Prosternum concave, ponctué et légèrement rayé. Jambes postérieures du ♂ densement ponctuées en dessous.

Long. 0,0074 (3 1/3 l.) Larg. 0,0033 (1 1/2 l.).

L'exemplaire unique auquel se rattache cette description a le port du *P. punctato-striatus* ; mais il est d'une taille plus petite. Il en diffère par son prothorax offrant vers les trois cinquièmes sa plus grande largeur, non réticuleux, mais offrant entre le dos et les côtés quelque tendance à la réticulation ; par ses stries des élytres très-légères, non débordées par les points ou presque réduites à des rangées striales de points ; par le chiffre plus élevé de ceux-ci ; par son prosternum ovale oblong, concave, relevé sur les côtés à partir du milieu, marqué de points petits, et rayé de quelques lignes longitudinales peu distinctes; surtout par l'entaille bien plus prononcée de l'extrémité des cuisses postérieures et par les autres caractères tirés des pieds du ♂, caractères que nous allons exposer, et qui l'éloignent des autres espèces.

♂. *Cuisses postérieures* entaillées ou échancrées à l'extrémité. *Jambes antérieures* sensiblement arquées sur leur arête externe, graduellement et médiocrement élargies, très-légèrement échancrées vers l'extrémité de leur arête inférieure. *Jambes intermédiaires* subcomprimées et graduellement élargies; en ligne courbe sur leur arête inférieure, à partir du cinquième ou du quart de la longueur; convexes et sans gouttière sensible ou bien marquée au côté interne de leur arête externe, aplaties sur le tiers posté-

rieur de leur arête inférieure. *Jambes postérieures* sensiblement
arquées sur leur arête externe; peu aplanies en dessous, marquées
sur cette face de points rapprochés, un peu râpeux, donnant
chacun naissance à un poil presque indistinct; un peu râpeuses
sur toute leur longueur au côté externe.

♀ Inconnue.

PATRIE: la Sicile, (collect. Deyrolle).

10. P. oblongus

*Suballongé; très-obtusément arqué ; d'un noir luisant. Prothorax montrant, vers le milieu ou un peu après, sa plus grande largeur ; ponctué assez
finement avec tendance à la réticulation ; offrant les traces plus ou moins légères d'une raie longitudinale médiaire. Élytres à stries étroites, légères ,
marquées de point les débordant à peine (près de cinquante sur la quatrième).
Intervalles plans; finement ponctués. Prosternum ovale, à bords relevés assez
épais dans toute sa périphérie, concave et ordinairement chargé d'une ligne
élevée longitudinale et médiaire.*

Corps suballongé; très-obtusément arqué longitudinalement ,
presque plan depuis le tiers postérieur du prothorax jusqu'aux
trois cinquièmes des élytres chez le ♂; d'un noir luisant. *Tête*
couverte de points ronds, épais et assez ou médiocrement petits;
profondément sillonnée ou déprimée sur la suture frontale; assez
faiblement après les yeux. *Antennes* noires à la base, graduellement brunes et d'un brun fauve, avec le dernier article d'un
fauve testacé au moins à l'extrémité. *Prothorax* faiblement arqué sur les côtés , c'est-à dire élargi en ligne courbe jusqu'au
tiers environ, faiblement rétréci dans le tiers postérieur, offrant
vers la moitié sa plus grande largeur; à strie basilaire prolongée à peine au delà du cinquième externe de la base; faiblement
ou très-médiocrement convexe; assez finement ponctué (sur un
fond presque imperceptiblement pointillé) , avec tendance à la
réticulatio ı ou presque finement réticuleux entre le dos et les
côtés; offrant les traces plus ou moins apparentes d'une raie lon-

gitudinale médiaire tantôt presque complète, ordinairement raccourcie à ses extrémités. *Élytres* à peine élargies à partir de
l'angle huméral jusqu'au quart ou au tiers; faiblement ou très-
médiocrement convexes; à stries étroites, légères, affaiblies pos-
térieuremeut, marquées de points qui ne les débordent pas ou
les débordent à peine (près de cinquante de ces points sur la
quatrième): la cinquième un peu incourbée à la partie antérieure: la sixième droite: les quatrième et cinquième, et sixième
et septième, souvent unies par paire à leur extrémité postérieure.
Intervalles plans, ou presque plans; finement et peu densement
ponctués, sur un fond presque imperceptiblement pointillé. *Dessous du corps* d'un noir luisant. *Prosternum* formant, à partir
du quart ou du tiers antérieur des hanches, un ovale relevé sur
le bord de sa périphérie qui est assez épais, concave sur sa surface et offrant ordinairement sur celle-ci une ligne médiaire longitudinalement élevée. *Postépisternums* grossièrement ponctués;
arqué à leur côté interne ; deux fois et demie environ aussi longs
que larges; offrant après le milieu leur plus grande largeur. *Pieds*
noirs: *tarses* à peine moins obscurs.

   Patrie: l'île de Crète, (collect. de Kiesenwetter).

   ♂ *Cuisses antérieures* un peu anguleusement dilatées en dessous vers les trois cinquièmes; chargées sur leur face inférieure
ou interne d'une carène laissant étroit le sillon voisin de l'arête
interne. *Jambes de devant* faiblement arquées; médiocrement
élargies; profondément échancrées vers le milieu de leur arête
inférieure sur le tiers médiaire environ de la longueur, échancrées sur le cinquième antérieur de leur arête externe. *Jambes intermédiaires* comprimées et dilatées sur leurs deux cinquièmes postérieurs; avec l'angle antéro-inférieur de cette
dilatation très-prononcé, un peu saillant; sans carène bien
marquée sur leur face interne, sans sillon sur l'arête inférieure; obliquement sillonnées sur la tranche inférieure de
la dilatation. *Jambes postérieures* faiblement arquées; assez fai-

blement élargies; garnies de cils flavescents sur toute leur longueur. *Tarses antérieurs* offrant les trois premiers articles très-
dilatés et ciliés. *Tarses intermédiaires* peu dilatés : les deuxième
et troisième plus sensiblement que les premier et quatrième.

Obs. Cette espèce a beaucoup d'analogie pour la forme avec
les *P. subdepressus* et *Schaumii.* Elle s'en distingue par son prothorax moins sensiblement arqué sur les côtés ; ponctué d'une
manière tendant à la réticulation et rayé d'une strie basilaire
plus courte ; par ses élytres à stries plus légères et marquées
d'un plus grand nombre de points ; par ses intervalles à fond
imperceptiblement pointillé ; par son prosternum ovale, rebordé
dans toute sa périphérie, presque plan sur sa surface enclose
par ces bords saillants, et non rayé de quatre ou cinq sillons.
Le ♂ d'ailleurs se distingue de celui du *P. subdepressus* par
l'échancrure profonde de l'arête inférieure de ses jambes de
devant. Sous ce rapport le *Pedinus oblongus* se rapproche beaucoup du *P. punctato-striatus*; mais il s'éloigne de ce dernier par
une taille plus grande ; par la ponctuation plus fine et moins
réticuleuse de son prothorax ; surtout par la finesse des stries,
les points des stries des élytres plus nombreux et plus petits ;
l'échancrure de l'arête des jambes de devant du ♂ est d'ailleurs
notablement plus profonde que celle du *P. punctato-striatus.* Il
s'éloigne des trois espèces précitées et généralement des autres
Pedinus par les traces plus ou moins apparentes d'une ligne longitudinale médiaire sur le prothorax.

C'est le *Pedinus meridianus* du catalogue Dejean.

11. **P Schaumii.**

*Suballongé, très-obtusément arqué ; d'un noir luisant. Prothorax arqué
latéralement, offrant un peu après le milieu sa plus grande largeur ; assez
finement et peu profondement ponctué, non réticuleux. Moitié de la base de
l'écusson égale au quart de celle de chaque étui. Élytres à stries étroites, profondes ou assez légères, marquées de points les débordant à peine (quarante-*

cinq à quarante-huit sur la quatrième). Intervalles plans ou à peu près ; plus densement et au moins aussi finement ponctués que le prothorax. Prosternum subcordiforme (♂); très-relevé sur les côtés à partir du milieu ; rayé de deux ou trois lignes ou sillons assez légers.

Long. 0,0112 (5 l.). Larg. 0,0045 (2 l.).

Corps suballongé , longitudinalement arqué d'une manière très-obtuse, ordinairement presque plan depuis le tiers postérieur du prothorax jusqu'aux trois cinquièmes ou un peu plus des élytres, chez le ♂; d'un noir luisant. *Tête* marquée de points assez gros, séparés par des intervalles lisses ou presque lisses , moins étroits que leur diamètre; sillonnée assez légèrement sur la suture frontale et plus légèrement après les yeux. *Antennes* prolongées au moins ou à peu près jusqu'aux angles postérieurs du prothorax; noires, graduellement d'un fauve testacé; à troisième article d'un tiers environ plus long que le suivant: les huitième à dixième ovalaires ou presque en forme d'écusson d'armoiries rétréci , un peu plus larges que longs : ce dernier en ovale oblong. *Prothorax* arqué sur les côtés, c'est-à-dire élargi en ligne courbe jusqu'à la moitié ou un peu plus, et rétréci ensuite; muni d'une strie basilaire avancée jusqu'au quart , et offrant ordinairement des traces plus faibles prolongées presque jusqu'au milieu et ordinairement terminées par une fossette ponctiforme; médiocrement convexe ; ponctué à peu près comme la tête (sur un fond presque imperceptiblement pointillé), non réticuleux. *Écusson* offrant la moitié de sa base égale au quart de la largeur de chaque étui. *Élytres* presque parallèles jusqu'aux trois cinquièmes ; assez faiblement convexes ; à stries apparentes, peu profondes, marquées de points qui les débordent à peine (quarante-cinq à quarante-huit sur la quatrième): les quatrième et cinquième, et sixième et septième, ordinairement unies par paire à leur partie postérieure et encloses par les troisième et huitième : les cinquième et sixième droites à leur partie antérieure. *Intervalles* marqués de points au moins aussi petits que ceux du prothorax, mais plus serrés et séparés par des espaces moins lisses, sur un fond imperceptiblement pointillé ; plans ou presque plans. *Dessous du corps* peu luisant. *Prosternum* subcordiforme, en gouttière profonde, non rebordé en devant, très-relevé sur les côtés à partir du milieu ; rayé sur celui-ci de trois lignes longitudinales peu profondes ou légères. *Postépisternums* assez grossièrement ponctués, arqués à leur côté interne ; deux fois et demie aussi longs que larges dans leur milieu. *Pieds* noirs. *Tarses* à peine moins obscurs.

PATRIE : l'Orient, (collect. Schaum).

♂ *Jambes de devant* en ligne droite sur leur tranche externe, élargies de la base à l'extrémité d'une manière inégale, plus faiblement dans leurs deux cinquièmes basilaires de leur arête interne, échancrées peu profondément ou médiocrement vers la moitié de celle-ci ; offrant dans leur diamètre transversal le plus grand le tiers ou les deux cinquièmes de leur longueur ; sans carène sensible sur leur face inférieure ou interne, sillonnées sur l'arête interne. *Jambes intermédiaires* un peu arquées à la base, élargies ensuite en ligne courbe sur leur arête postérieure, sans angle apparent vers les trois cinquièmes de celle-ci ; sans carène sur leur côté interne, creusées sur leur arête inférieure d'un sillon étroit, un peu élargi dans son milieu. *Jambes postérieures* assez faiblement arquées sur leur arête externe, échancrées vers les deux cinquièmes de leur arête interne, planes ou faiblement en gouttière ; garnies jusqu'aux quatre cinquièmes de leur longueur de poils flaves ou d'un flave testacé ou roussâtres, hérissés et graduellement moins longs de la base jusqu'à la sinuosité, réduits ensuite à la forme d'un duvet. *Tarses antérieurs* très-dilatés et ciliés d'un flave roux ; garnis en dessous d'un duvet semblable de même couleur.

♀ Inconnue.

OBS. Nous avons dédié cette espèce à M. le docteur Schaum de Halle, l'un des plus habiles entomologistes de l'Europe. Elle a beaucoup d'analogie avec les *P. oblongus* et *subdepressus*. Elle

s'éloigne du premier par sa forme et la disposition de son prothorax ; par la surface de ce dernier non réticuleuse, ou n'ayant
point de tendance à la réticulation ; du second, par son prosternum ne paraissant pas rayé de cinq lignes ou sillons étroits (quoi-
qu'il ne soit pas impossible que chez d'autres exemplaires cette
disposition ne puisse s'observer) ; de toutes deux par la grandeur
de son écusson ; par son prothorax plus fortement arqué sur les
côtés, et surtout par la disposition ou la forme des jambes du
♂. Le caractère tiré de la grandeur de l'écusson pourrait n'être
qu'accidentel.

12. P. subdepressus ; Brullé.

Suballongé ; très-obtusément arqué ; d'un noir luisant. Prothorax offrant vers
le milieu ou un peu près, sa plus grande largeur : ponctué, non réticuleux.
Écusson petit. Élytres à stries étroites, marquées de points les débordant à
peine (quarante à quarante-cinq sur la quatrième strie). Intervalles presque
plans ; assez finement ponctués. Prosternum, subcordiforme, graduellement
très-relevé vers ses bords, rayé de cinq sillons.

Pedinus subdepressus, Brullé, Expédit. scientif. de Morée (1832) p. 207, n° 359 ·
(♂) (suivant l'exemplaire typique existant an muséum de Paris).
Pedinus cylindricus (Parreyss), teste DD. Chevrolat et Deyrolle.

Long. 0,0090 à 0,0112 (4 à 5 l.). Larg. 0,0035 0,0050 (1 3/5 à 2 1/5 l.).

Corps suballongé ; longitudinalement arqué d'une manière
très-obtuse, ordinairement presque plan depuis le tiers postérieur du prothorax, quelquefois jusqu'aux trois cinquièmes des
élytres, chez le ♂ ; d'un noir luisant. *Tête* couverte de points
rapprochés ; sillonnée d'une manière prononcée sur la suture frontale et plus faiblement après les yeux. *Antennes* brunes généralement plus claires vers l'extrémité, avec le dernier article fauve
ou d'un fauve testacé. *Prothorax* médiocrement arqué sur les
côtés, c'est-à-dire élargi en ligne courbe jusqu'aux deux cinquièmes ou à la moitié, offrant vers celle ci ou un peu après, sa plus
grande largeur, faiblement rétréci ensuite ; montrant à la base

jusqu'au niveau de la cinquième strie des élytres et parfois, mais
d'une manière affaiblie jusqu'à la deuxième, les traces d'une strie
basilaire ; faiblement ou très-médiocrement convexe ; finement
ponctué (sur un fond presque imperceptiblement pointillé), non
réticuleux. Moitié de la base de l'*écusson* égale au sixième ou à
peine au cinquième de celle de chaque étui. *Élytres* presque
parallèles jusqu'aux deux tiers ou un peu moins (♂), ou assez
faiblement élargies jusqu'à la moitié (♀); peu (♂) ou médiocrement (♀) convexes ; à stries très-apparentes , plus ou moins
marquées (ordinairement plus faibles chez la ♀) : la première,
ordinairement moins légère ou plus profonde et notée de points
plus rapprochés : les autres notées de points les débordant sensiblement (environ quarante à quarante-cinq sur la quatrième) :
les cinquième à septième stries ordinairement en ligne droite et
parallèles à leur extrémité antérieure : la première incourbée.
Intervalles plans ou presque plans ; plus finement et plus densement ponctués que le prothorax sur un fond presque imperceptiblement pointillé. *Repli* finement pointillé. *Dessous du corps*
d'un noir luisant. *Prosternum* subcordiforme, large ; quelquefois
plan (♀), plus ordinairement concave, graduellement relevé sur
ses côtés qui sont généralement tranchants ou peu épais, non rebordé en devant; rayé sur sa surface de cinq sillons linéaires et
longitudinaux plus ou moins distincts. *Postépisternums* près de
trois fois aussi longs que larges dans leur diamètre transversal le
plus grand ; faiblement élargis dans leur milieu. *Pieds* d'un noir
brun ou bruns , avec les tarses plus clairs.

PATRIE : la Morée, (muséum de Paris, *type* ; collect. Chevrolat,
Deyrolle, de Kiesenwetter, Perroud, Reiche); l'Albanie, (Chevrolat);
l'Asie, (muséum de Saint-Pétersbourg).

♂ *Jambes de devant* peu ou point arquées , médiocrement
élargies jusqu'aux quatre cinquièmes, puis faiblement rétrécies
en ligne courbe sur leur arête inférieure ; échancrées sur le
cinquième postérieur de leur arête supérieure ; sans carène appa-

rente sur leur face inférieure ou interne, creusées d'un sillon sur leur arête interne. *Jambes intermédiaires* plus sensiblement comprimées dans leur tiers ou leurs deux cinquièmes postérieurs, avec l'angle antéro-inférieur de cette dilatation très-émoussé ou subarrondi; non sinuées ou échancrées entre cet angle et l'extré-mité; sans carène sur leur face interne, creusées sur leur arête inférieure ou au côté interne de celle-ci, d'un sillon élargi au niveau de l'angle postéro-inférieur de la dilatation. *Jambes de derrière* droites sur leur arête externe; canaliculées en dessous sur leur moitié basilaire; garnies d'un duvet roussâtre sur cette partie canaliculée, presque planes et glabres postérieurement. *Tarses antérieurs* offrant les articles dilatés, ciliés : *tarses inter-médiaires* à peine moins grêles que les postérieurs.

♀ *Jambes* droites, graduellement élargies : les intermédiaires au moins autant que les antérieures. *Tarses antérieurs* très-peu dilatés.

Obs. Les deuxième et troisième stries sont parfois réunies à leur partie antérieure; quelquefois ce sont les première et deuxiè-me, et troisième et quatrième.

Cette espèce se distingue des *P. punctato-striatus* et *meridia-nus* par sa taille moins faible; par son prothorax et ses élytres plus finement ponctués, et surtout par son prosternum plus large, ordinairement rayé de cinq sillons. Ce caractère, quand il est bien prononcé, suffit pour la distinguer de toutes les autres espèces de ce genre. Quelquefois ces sillons étroits sont peu nettement tracés ou en partie oblitérés; mais dans ces cas même, la partie élargie du prosternum conserve un caractère particulier par sa forme en cœur, ou rétrécie en ligne courbe d'avant en arrière; généralement canaliculé ou profond dans le milieu et graduellement relevé sur les côtés dont les bords sont tranchants ou peu épais et voilant le côté interne des hanches, chez le ♂; ordinairement moins sensiblement canaliculé ou parfois presque plan, moins large, moins cordiforme et à bords moins tranchants chez la ♀. Le ♂ se distingue de tous les autres par ses jambes postérieures ciliées et canaliculées en dessous seulement sur leur moitié basilaire.

Nous avons indiqué précédemment les différences qui séparent cette espèce du *P. Schaumii.*

13. **P. natolicus.**

Oblong ou suballongé; d'un noir luisant. Prothorax médiocrement arqué sur les côtés, offrant vers les trois cinquièmes sa plus grande largeur ; à strie basilaire à peine prolongée jusqu'au quart, en s'éloignant, du bord ; ponctué avec tendance à la réticulation près des côtés. Écusson aussi large sur la moitié de sa base que le tiers de celle de chaque étui. Élytres à stries légères, ponctuées (trente-sept à quarante points sur la quatrième). Intervalles plans, finement et densement ponctués. Prosternum ovale, relevé en rebord dans sa périphérie, excepté en avant, concave et presque réticuleusement ponctué entre ce rebord. Jambes intermédiaires du ♂ anguleuses en dessous : les postérieures subsinuées vers les deux cinquièmes.

Long. 0,0100 (4 1/2 l.). Larg. 0,0045 (2 l.).

Corps oblong ou suballongé; un peu obtusément arqué longitudinalement; d'un noir luisant. *Tête* densement et peu finement ponctuée ; légèrement sillonnée sur la suture frontale. *Antennes* à peine aussi longuement prolongées que les angles postérieurs du prothorax; noires, graduellement moins obscures, avec le dernier article en partie d'un fauve testacé : les quatrième à septième obconiques: les neuvième et dixième presque en forme d'écusson d'armoiries rétréci, plus longs que larges: le dernier ovalaire. *Prothorax* arqué sur les côtés, offrant vers les trois cinquièmes sa plus grande largeur ; à strie basilaire dépassant faiblement le cinquième externe, en s'écartant graduellement et sensiblement du bord postérieur; médiocrement convexe; ponctué (sur un fond presque imperceptiblement pointillé), avec tendance à la réticulation entre le dos et les bords latéraux. *Écusson* en triangle dont la moitié de la base égale le quart ou les deux

septièmes de la largeur de chaque étui. *Élytres* faiblement rétrécies depuis les épaules jusqu'aux trois cinquièmes, avec une dilatation à peine sensible vers les deux septièmes ; très-médiocrement convexes ; à stries légères, postérieurement affaiblies,
presque réduites, surtout vers leur extrémité, à deux rangées
striales de points (trente-sept à quarante de ceux-ci sur la quatrième). *Intervalles* plans; densement et finement ponctués, sur
un fond presque imperceptiblement pointillé. *Dessous du corps*
d'un noir luisant. *Prosternum* ovalaire; relevé en rebord dans sa
périphérie, excepté à la partie antérieure, concave et presque
réticuleusement ponctué sur le reste de sa surface *Postépister-*
nums marqués de points assez gros et rapprochés; assez faiblement arqués à leur côté interne, trois fois environ aussi longs
que larges dans leur milieu. *Pieds* noirs. *Tarses* à peine moins
obscurs.

PATRIE: la Natolie, (collect. Schaum).

♂ *Jambes de devant* presque en ligne droite sur leur arête
externe (à peine arquées à la base et presque insensiblement
sinuées vers les deux cinquièmes); inégalement élargies de la
base à l'extrémité sur l'arête interne, c'est-à-dire grêles ou arquées en dedans à la base, renflées vers le milieu, et légèrement
sinuées entre celui-ci et l'extrémité; au moins aussi larges à cette
dernière que la moitié de leur longueur. *Jambes intermédiaires*
offrant un angle très-prononcé vers la partie antéro-inférieure de
la dilatation, c'est-à-dire vers les trois cinquièmes ou un peu plus
de l'arête inférieure, à peine entaillées entre cet angle et l'extrémité; chargées sur sa face postérieure d'une carène au moins aussi
prononcée que celle des jambes de devant. *Jambes postérieu-*
res un peu arquées à la base, légèrement sinuées vers le tiers
ou les deux cinquièmes de l'arête externe; glabres, planes ou
faiblement canaliculées en dessous, rayées sur cette partie de deux
lignes longitudinales séparées par une ligne médiaire peu sail-

lante. *Tarses antérieurs* très-dilatés, ciliés de roux flave et garnis en dessous d'un duvet serré de même couleur.

♀ Inconnue.

Le *P. natolicus* a beaucoup d'analogie avec le *P. curvipes*; il paraît cependant s'en distinguer par une taille plus avantageuse; par son écusson plus large, quoique le caractère tiré de cette pièce puisse n'être qu'accidentel; par son prosternum non chargé d'un faible relief médiaire; par les caractères tirés des jambes du ♂ : les antérieures grêles à la base, légèrement sinuées sur leur arête interne, entre le milieu et l'extrémité, plus larges à celle-ci: les intermédiaires seulement anguleuses et non armées d'une dent vers les trois cinquièmes ou deux tiers de leur arête inférieure: les postérieures sensiblement sinuées vers les deux cinquièmes de leur arête externe ou dorsale.

14. P. curvipes.

Faiblement convexe; d'un noir peu luisant. Prothorax élargi en ligne courbe jusqu'à la moitié, presque parallèle postérieurement ; assez finement ponctué, non réticuleux. Élytres à stries plus ou moins légères, marquées de points ne les débordant pas ou les débordant à peine (environ trente-huit à quarante sur la quatrième strie). Intervalles plans, finement ponctués. Prosternum rebordé, avec la partie médiaire ordinairement chargée d'un relief presque réticuleusement ponctué. Jambes intermédiaires du ♂ armées en dessous d'une dent très-prononcée : les postérieures droites.

Long. 0,0078 à 0,0090 (3 1/2 à 4 l.). Larg. 0,0039 à 0,0045 (1 3/4 à 2 l.).

Corps ovale oblong ou oblong; ordinairement très-obtusément arqué chez le ♂, plus sensiblement arqué chez la ♀; faiblement ou très-médiocrement convexe; d'un noir peu luisant. *Tête* assez densement ponctuée; marquée sur la suture frontale d'une dépression ou d'un sillon plus ou moins prononcé. *Antennes* noires, avec l'extrémité moins obscure. *Prothorax* élargi en ligne courbe jusqu'à la moitié environ, à peine élargi ou presque

parallèle ensuite; à strie basilaire s'écartant du bord postérieur
vers le quart externe; finement ponctué (sur un fond imperceptiblement pointillé), non réticuleux, offrant parfois une légère
tendance à la réticulation. *Elytres* presque parallèles jusqu'aux
trois cinquièmes (♂), ou faiblement plus larges vers la moitié
de la longueur (♀); faiblement (♂) ou médiocrement convexes;
à stries tantôt légères, tantôt plus marquées, notées de points
plus ou moins petits, ne les débordant pas ou les débordant à
peine (environ trente-huit à quarante sur la quatrième strie).
Intervalles finement pointillés, sur un fond imperceptiblement
pointillé. *Dessous du corps* et *pieds* d'un noir luisant. *Prosternum* relevé dans sa périphérie en rebord saillant assez étroit,
avec la partie médiaire enfoncée, ponctuée d'une manière presque finement granuleuse ou réticuleuse, plan, ordinairement
chargé sur son milieu d'un relief longitudinal peu élevé. *Postépisternums* peu arqués au côté interne; offrant vers le milieu
leur plus grande largeur; deux fois et demie environ aussi longs
que larges dans leur diamètre transversal le plus grand; marqués de points assez gros.

Patrie : la Turquie d'Europe et d'Asie, la Russie méridionale,
(muséum de Paris; collect. Deyrolle, de Marseul, Reiche).

♂ *Jambes de devant* faiblement élargies ou comme échancrées
depuis la base jusqu'à la moitié de leur arête inférieure, moins
de moitié aussi larges vers le tiers qu'à la moitié, subsinuées
sur leur arête interne entre cette moitié et l'extrémité. *Jambes
intermédiaires* armées d'une dent plus ou moins forte vers les
trois cinquièmes ou presque les deux tiers de leur arête inférieure,
c'est-à-dire vers l'angle antéro-inférieur de leur dilatation : cette
dent formant avec la partie postérieure de l'arête un angle presque droit ou peu ouvert; chargées sur les deux tiers postérieurs
de la longueur de leur face interne d'une carène séparée de l'a-
rête dorsale ou externe par une gouttière peu marquée. *Jambes
postérieures* glabres et à peine canaliculées ou presque planes

en dessous ; chargées d'une ligne médiaire saillante, étroite, prolongée depuis le cinquième basilaire jusque vers la moitié de la longueur. *Tarses antérieurs* offrant les articles dilatés assez brièvement ciliés, surtout les deux premiers : les *intermédiaires* faiblement dilatés.

Obs. Les stries des élytres varient assez sous le rapport de leur légèreté. Ordinairement elles sont faibles, notées de points plus ou moins petits, parfois réduites à des rangées striales de points; d'autres fois elles sont plus ou moins apparentes ou plus prononcées et leurs points sont alors ordinairement en harmonie avec elles; mais, en général, le nombre de ces points varie peu.

Cette espèce se distingue des *P. Schaumii* et *subdepressus* par sa taille moins grande; par son corps moins obtusément arqué; par son prosternum relevé en pointe à son extrémité, muni d'un rebord obtus ou convexe, enclosant une surface rayée de lignes onduleuses ou ponctuées et ordinairement chargée d'un relief médiaire. Elle s'éloigne du *P. femoralis* par son corps moins convexe et surtout par son prosternum marqué de lignes en général longitudinales onduleuses ou ponctuées au lieu d'être obliquement croisées, et ordinairement chargé d'un relief médiaire. Le ♂, par ses jambes intermédiaires armées d'une dent comme celles des *P. quadratus* et *helopioides*, se distingue facilement de toutes les autres espèces voisines.

15. **P. femoralis** ; Linné.

Médiocrement convexe ; d'un noir peu luisant. Prothorax offrant vers le milieu sa plus grande largeur ; assez finement ponctué, non réticuleux. Elytres à stries légères, très-étroites, marquées de points assez petits ne les débordant pas, peu distincts postérieurement (environ quarante-deux sur la quatrième strie). Intervalles pointillés. Prosternum ordinairement rebordé, avec la partie médiaire moins saillante, plane, réticuleusement rayée. Jambes intermédiaires du ♂ élargies en ligne courbe d partir du tiers de leur arête inférieure.

Le Ténébrion à stries jumelles, Geoffr. Hist. abr. (1762) t. 1, p. 348. 3.

Tenebrio femoralis, Linné, Syst. nat. t. 1, 2. (1767) p. 679, 32. (♀), (suivant
  l'exemplaire typique existant à Londres, dans la collect. de Linné, conservée à la
  Société linnéenne). — De Villers, C. Linn. Entom. t. 1 (1789) p. 393. 24 (♀). —
  Oliv. Entom. t. 3. (1795) n° 57 p. 17. 23. pl. 2. fig. 22. (♀). — Panz. Faun.
  germ. (1797) 39. 6. (♀). — id. Krit. Revis. t. 1. (1805) p. 23. (♀).

Tenebrio gemellata, Fourcroy, Entom. paris t. 1. (1785) p. 157. 3.

Tenebrio dermestoides, Fabr. Mant. ins. t. 1. (1787) p. 212. 14. (♀). — Gmel. C.
  Linn. Syst. nat t. 1. (1788) p. 1996. 34. (♀).

Pimelia femoralis, Gmel. C. Linn. Syst. nat. t. 1. (1788) p. 2008. 53. (♀).

Tenebrio.... Zschach. Mus. Lesk. (1789) p. 42. 937.

Blaps femoralis, Fabr. Entom. syst. t. 1 (1792) p. 109, 13. (♂). — Id. Syst. eleuth. t. 1.
  (1801) p. 143. 12. (♂). — Panz. Faun. germ. (1793) 39. 6. (♂). — Id. Entom.
  germ. (1794) p. 39. 3. (♂). — Id. Krit. Revis. t. 1. (1805) p. 32 (♂). — Herbst,
  Naturs. t. 8. (1797) p. 188. 9. pl. 128. fig. 10. (♂). — Illig. Mag. t. 1. 340. 11.
  (♂♀) — Schoenh. Syn ins. t. 1. (1806) p. 146. 15. (♂♀). — Sturm, Deutsch, Faun
  t. 2. (1807) p. 209. 7. (♂).

Blaps dermestoides, Fabr. Entom. syst. t. 1. (1792) p. 107. 7. (♀). — Id. Syst. eleuth.
  t. 1. (1801) p. 142. 9. (♀). — Panz. Entom. germ. (1794) p. 39. 2. (♀). Walk.
  Faun. par t. 1. (1802) p. 32. (♀). — Tigny, Hist. nat. t. 5. (1802) p. 216. (♀).
  — Oliv. Nouv. dict. d'hist. nat. t. 17. (1803) p. 204 (♀).

Opatrum femoratum, Illig. Verzeich. (1798) p. 109, 3. (♂).

Opatrum femorale, Illig. l c. p. 109. 5. (♀).

Helops laevigatus, Panz. Faun. germ. (1798) 50. 6. (♀). — *Id.* Krit. Revis. der Ins
  Faun. t. 1. (1805) p. 33 (♀).

Pedinus dermestoides, Oliv. Nouv. dict. d'Hist. nat. (1803) t. 17 p. 204 (♀).

Pedinus femoralis, Latr. Hist. nat. t. 10 (1804) p. 282. 2. pl. 88, 4 (♀). — *Id.* Gen.
  t. 2 (1807) p. 165. 2. (♂♀). — Duftsch. Faun. aust. t. 2. (1812) p. 286 ; (♂♀)
  — Lamarck Anim. s. vert t. 4. (1817) p. 412. 1. (♂♀). — *Lepelletier Saint-Fargeau
  et Audinet-Serville,* Encyclop. meth. (insectes) t. 10 (1825) pag. 25 1. (♂♀). —
  Duméril, Dict. des sc. nat. t. 38. (1825) p. 214 (♂♀) et pl. 13 n° 3 (♂) — Muls.
  Lettr. t. 2. (1830) p. 281. 2. — De Casteln. Hist. nat. t. 2. (1840) p. 210 5. (♂♀)
  — L. Redtenb. Faun. aust. (1849) p. 599 (♂♀). — Kuster, Kaef. Eur. 26. 33.

Long 0 0878 à 0,0086 (3 1/2 à 3 4/5 l.) Larg. 0,0061 (2 3/4 l.) (♂) 0,0064 (3 7/8 l.) (♀)

Corps longitudinalement arqué, ordinairement plus élevé vers
le milieu des élytres ou un peu après; d'un noir luisant et parfois
très-légèrement métallique. *Tête* densement ponctuée; transversalement sillonnée sur la suture frontale. *Antennes* noires, avec
les derniers articles moins obscurs et le dernier fauve ou d'un

fauve testacé. *Prothorax* élargi en ligne courbe jusqu'à la moitié ou aux trois cinquièmes, subparallèle (♂) ou faiblement rétréci (♀) ensuite ; généralement plus large, dans son diamètre transversal le plus grand, que la base des élytres ; offrant à la base une strie basilaire avancée ordinairement jusqu'au niveau de la cinquième strie des élytres, et souvent plus près de l'écusson, mais alors d'une manière affaiblie ou peu apparente et ordinairement en s'écartant d'abord un peu de la base pour s'en rapprocher ensuite ; convexe ; marqué de points analogues à ceux de la tête, non réticuleux ou n'offrant qu'une légère tendance à la réticulation, sur un fond presque imperceptiblement pointillé. *Élytres* subparallèles (♂) jusqu'aux trois cinquièmes ou un peu plus, ou faiblement élargies (♀) ; médiocrement convexes ; à stries ponctuées très-étroites, légères ou très-légères, souvent presque réduites, surtout chez la ♀, à des rangées striales de points : ceux-ci débordant à peine les stries, peu distincts vers la partie postérieure ; (environ quarante à quarante-deux de ces points sur la quatrième strie) : la première et souvent la deuxième strie incourbées à leur partie antérieure, parfois unies en devant, ou ayant de la tendance à s'unir, ainsi que les troisième et quatrième : les autres à peu près droites. *Intervalles* plans ou à peu près ; finement ponctués sur un fond presque imperceptiblement pointillé : les troisième et cinquième généralement un peu plus larges que leurs voisins vers le tiers de la longueur. *Dessous du corps* et *pieds* d'un noir luisant. *Prosternum* ordinairement rebordé, avec la partie médiaire moins saillante, rayée de lignes obliquement croisées ou presque réticuleusement ponctuées ; offrant parfois mais rarement sur cette partie médiaire une sorte de relief moins élevé que les bords latéraux et toujours réticuleusement rayé. *Postépisternums* deux fois et quart environ aussi longs que leur diamètre transversal le plus grand ; arqués à leur côté interne ; un peu

moins larges en arrière qu'en avant, offrant vers le milieu leur
plus grande largeur.

PATRIE : les environs de Paris et diverses autres parties de la
France.

♂ *Jambes antérieures* droites, triangulairement et fortement
élargies de la base à l'extrémité ; échancrées à l'extrémité sur le
cinquième environ de la longueur de leur arête externe ; à peine plus
de deux fois et quart aussi longues que leur diamètre transversal le
plus grand. *Jambes intermédiaires* comprimées et graduellement
élargies ; arrondies ou sans angle à la partie antéro-inférieure de
leur dilatation ; chargées sur leur face interne d'une carène laissant
entre elle et leur arête externe, un sillon un peu râpeux, rétréci avant
son extrémité. *Jambes postérieures* glabres et planes en dessous,
avec les bords très-légèrement relevés : cette surface plus large
dans le milieu, rétrécie à ses extrémités, surtout à la postérieure.
Tarses antérieurs offrant les articles dilatés brièvement ciliés :
les *intermédiaires* un peu moins grêles que les postérieurs.

♀ *Jambes* droites ou presque droites, graduellement élargies
de la base à l'extrémité : les antérieures beaucoup plus que les
intermédiaires et surtout que les postérieures. *Tarses* peu ou
point dilatés.

OBS. Les troisième et cinquième intervalles des élytres sont
ordinairement plus larges, et les stries première et deuxième,
troisième et quatrième sont, par là, plus rapprochées par paires,
ce qui a porté Geoffroy à désigner cette espèce sous le nom de
Ténébrion à stries jumelles, mais cette disposition souffre
d'assez nombreuses exceptions. Les stries sont plus ou moins
légères : leurs points, comme ceux des intervalles, varient de
finesse : ceux des stries sont généralement plus petits ou plus
étroits et souvent peu distincts vers leur partie postérieure : ceux
des intervalles semblent parfois très-légèrement ruguleux, surtout
chez le ♂.

Le *P. femoralis* se distingue des premières espèces par son

prothorax marqué de points petits ou assez petits, n'ayant pas
ou ayant à peine quelque tendance à la réticulation; des *P. subdepressus* et *Schaumii* par la forme et les autres caractères de
son prosternum, par son corps plus court, plus arqué; de l'*oblongus*
par ces derniers caractères et par son prothorax n'offrant pas de
traces d'une ligne médiaire; du *natolicus* par la petitesse de son
écusson; des dernières espèces, ayant avec lui plus ou moins
d'analogie, par son prosternum, ou du moins par la partie élargie
de celui-ci, ovalaire, muni d'un rebord saillant et pointillé, offrant
la surface enclose par ce rebord moins saillante, enfoncée, ordinairement plane, rayée de lignes ponctuées ou de lignes formées
par des points obliquement croisées, paraissant ainsi réticuleusement rayée ou finement granuleuse; très-rarement chargée
d'un relief plus ou moins faible. Ces caractères tirés du prosternum éloignent le *P. femoralis* des *P. aequalis*, *tauricus* et
volgensis chez lesquels cette partie est simplement et en général
peu densement ponctuée; ils le rapprochent du *P. curvipes* dont
le prosternum offre ordinairement aussi des lignes ponctuées ou
formées par des points, mais souvent longitudinales plutôt que
croisées ou réticuliformes; d'ailleurs chez le ♂ de cette dernière
espèce les jambes intermédiaires sont armées d'une dent très-
prononcée, sur l'arête inférieure, vers l'angle antéro-inférieur de
la dilatation. Chez le *P. femoralis* ♂, les jambes intermédiaires
sont graduellement élargies dans leur partie comprimée, et en
ligne courbe sur leur arête inférieure, à partir du tiers de la
longueur, c'est-à-dire sans dent, ni même sans angle vers les
deux tiers ou trois cinquièmes de ladite arête; sous ce rapport le
P. femoralis ♂ réssemble aux *P. æqualis* et *tauricus*; quant
au *volgensis* ♂, ses jambes intermédiaires presque droites sur
l'arête externe, à partir du tiers de la longueur, le caractérisent
suffisamment.

16. P. curtulus.

*D'un noir un peu luisant. Prothorax presque parallèle ou à peine élargi dans
sa seconde moitié ; marqué de points assez petits, offrant parfois entre le dos
et les côtés quelque tendance à la réticulation. Elytres un peu plus larges ,
réunies, que les deux tiers de leur longueur; à stries légères et marquées de
points ne les débordant pas (environ trente-deux à trente-huit sur la quatrième). Intervalles finement ponctués. Prosternum rayé de trois lignes ou
sillons dépassant à peine le milieu.*

Pedinus curtulus V. de Motschoulsky, in litter.

Long. 0,0090 à 0,0097 (4 à 4 1/3 l.). Larg. 0,0045 à 0,0052 (2 à 2 1/3 l.).

Corps ovalaire ou ovale oblong ; longitudinalement arqué ;
d'un noir un peu luisant. *Tête* marquée de points petits et assez
rapprochés ; sillonnée ou rayée sur la suture frontale. *Antennes*
noires, avec l'extrémité à peine moins obscure ou un peu moins
obscure. *Prothorax* élargi en ligne courbe jusqu'aux deux cinquièmes ou un peu plus , presque parallèle ou à peine élargi
en ligne droite dans la moitié postérieure ; à strie basilaire
avancée jusqu'au quart de la base, en s'écartant graduellement
du bord postérieur ; quelquefois terminé par une fossette vers
le quart externe , d'autres fois sans fossette apparente ; assez
convexe; ponctué, sur un fond peu distinctement pointillé : les
points offrant parfois, entre le dos et les côtés, une tendance plus
ou moins légère à la réticulation. *Elytres* offrant en largeur,
prises ensemble, un peu plus des deux tiers de leur longueur ;
presque parallèles jusqu'aux trois cinquièmes; assez convexes ; à
stries légères ou très-légères, marquées de points qui ne les débordent pas ou les débordent à peine (environ trente-deux à trente-
huit sur la quatrième). *Intervalles* plans ; pointillés ou finement
ponctués sur un fond peu distinctement pointillé. *Dessous du corps*
luisant. *Prosternum* offrant ordinairement à sa partie antérieure
trois raies ou sillons étroits : l'un médiaire : chacun des autres

voisin du bord : ces sillons dépassant à peine le milieu ; parfois creusé d'une fossette postérieurement, d'autres fois longitudinalement ; subconvexe sur la partie médiaire de sa seconde moitié et déprimé ou sillonné de chaque côté de celle-ci. *Postépisternums* ponctués, parfois d'une manière tendant à la réticulation ; arqués au côté interne ; deux fois et quart environ aussi longs qu'ils sont larges dans le milieu.

Patrie : la Georgie , la Turquie , les bords de la mer Caspienne, (collect. Motschoulsky).

♂ Inconnu.

♀ *Jambes antérieures* légèrement arquées sur leur arête externe, et en sens contraire sur l'arête interne : les *intermédiaires* et *postérieures* droites. *Tarses* non dilatés.

Obs. Cette espèce est généralement plus large proportionnellement que les espèces voisines, dont elle se distingue aussi par son prosternum.

Peut-être le ♂, qui nous est inconnu, montre-t-il le prothorax un peu arqué sur les côtés, le corps moins large , moins arqué longitudinalement, moins convexe.

Les *P. convexiusculus, ovatus* et *georgicus* de M. Motschoulsky nous semblent n'être que des variations peu sensibles de son *P. curtulus.*

17. P .tauricus.

D'un noir luisant. Prothorax offrant ordinairement un peu avant le milieu sa plus grande largeur ; marqué de points assez petits, montrant entre le dos et les côtés quelque tendance à la réticulation. Elytres à stries légères, étroites, notées de points assez petits, parfois allongés, ne les débordant pas ou les débordant à peine (environ trente-six à quarante sur la quatrième strie). Intervalles pointillés. Prosternum pointillé ; ordinairement relevé en rebord dans sa périphérie et chargé d'un relief médiaire.

Pedinus tauricus (Dej.) catal. (1837) p. 212.

Long. 0,0090 à 0,0095 (4 à 4 1/4 l.). Larg. 0,0042 à 0,0050 (1 7/8 à 2 1/4 l.).

Corps un peu obtusément arqué longitudinalement , surtout chez le ♂; d'un noir luisant. *Tête* densement et assez finement ponctuée ; sillonnée sur la suture frontale. *Antennes* à peine prolongées au-delà de la base du prothorax ou jusqu'à celle-ci ; noires ou d'un brun noir à la base, moins obscures vers l'extré mité en raison de leur duvet grisâtre. *Prothorax* médiocrement élargi en ligne courbe jusqu'aux deux cinquièmes ou un peu plus, à peu près parallèle ensuite ou légèrement élargi en ligne droite (♂), faiblement rétréci (♀); à strie basilaire avancée ordinairement jusqu'au niveau de la quatrième strie des élytres, en s'écartant du bord postérieur, et ordinairement en devenant plus prononcée, tantôt comme brusquement terminée dans ce point, plus souvent prolongée d'une manière plus ou moins fine et légère jusqu'au milieu de la base en s'en rapprochant graduellement ; d'un tiers au moins plus large à la base que long dans son milieu; médiocrement ou assez médiocrement convexe ; finement ponctué sur le dos, offrant entre celui ci et les côtés quelque tendance à une fine réticulation, avec le fond presque indistincte- ment pointillé; montrant les traces plus ou moins absolètes d'une ligne médiaire qu'on ne peut apercevoir qu'à certain jour. *Elytres* près d'une fois plus longues que larges prises ensemble ; à peu près parallèles jusqu'aux trois cinquièmes (♂) ou un peu élargies vers leur milieu (♀), en ogive obtuse et subarrondie postérieurement; médiocrement convexes; à stries étroites, très- légères ou peu profondes, marquées de points qui les débordent à peine ou ne les débordent pas (trente-six à quarante sur la qua- trième): les sixième et septième plus courtes et ordinairement enclo- ses par les cinquième et huitième. *Intervalles* plans, pointillés ou finement et peu densement ponctués, sur un fond imperceptible- ment pointillé. *Dessous du corps* luisant. *Prosternum* ovalaire, re- bordé dans sa périphérie, parfois concave sur l'espace enclos par ce rebord, ordinairement chargé dans son milieu d'un relief lon- gitudinal égal en largeur et en saillie à ses bords , mais parfois peu détaché du fond quand la partie concave est en partie remplie et presque plane. *Pieds* noirs : *tarses* à peine moins obscurs.

Patrie : la Taurie, la Turcomanie, (collect. Chevrolat, Deyrolle, Mannerheim, Motschoulsky).

♂ *Jambes de devant* droites, élargies depuis la base jusqu'à l'extrémité; une fois moins larges à celle-ci que longues sur leur tranche externe, échancrées sur le sixième à peine, à l'extrémité de celle-ci : les *intermédiaires* comprimées, arquées à la base et faiblement en sens contraire sur la seconde moitié de leur tranche externe ou dorsale, à peu près graduellement élargies en ligne courbe sur leur tranche inférieure, à peine aussi larges à l'extrémité que le quart de leur longueur ; chargées au côté interne d'une carène, occupant à peu près la ligne longitudinale médiane vers la partie dilatée; offrant entre cette carène et le bord de la tranche postérieure tantôt une surface déclive presque plane, tantôt un sillon naissant environ des deux cinquièmes basilaires et ordinairement peu profond : les *postérieures* planes ou légèrement canaliculées en dessous à peu près jusqu'à l'extrémité ; glabres; marquées près de chaque bord latéral d'une rangée de points, avec la partie médiaire lisse. *Trois premiers articles des tarses antérieurs* ciliés de flave roux et dilatés : le deuxième plus large que le premier et surtout que le troisième ; égal au moins aux deux tiers de la largeur de l'extrémité de la jambe. *Tarses intermédiaires* sensiblement dilatés.

♀ *Cuisses antérieures* moins robustes. *Jambes* droites : les antérieures moins larges que chez le ♂. *Tarses* non dilatés.

Obs. Cette espèce, comme beaucoup d'autres, offre des variations qui en altèrent plus ou moins la physionomie. Le prothorax finement ponctué offre parfois, entre le dos et les côtés, des points montrant de la tendance à la réticulation. Les élytres ont des stries tantôt assez marquées, tantôt légères ou presque réduites à des rangées striales de points ; cette dernière particu-

larité paraît surtout se rencontrer chez les ♀. Ces points sont ordinairement assez espacés et alors moins nombreux, mais d'autres
fois plus rapprochés. Le prosternum relevé chez les uns en rebord
obtus ou peu saillant et chargé d'un relief analogue sur la partie
longitudinalement médiaire de l'espace enclos par le rebord, est
quelquefois plus ou moins concave et sans relief, d'autres fois
presque plan ou creusé postérieurement d'une fossette. Si l'on
ajoute que les élytres sont ordinairement plus convexes et un peu
plus larges vers la moitié de la longueur chez la ♀, on pourra se
faire une idée des modifications assez sensibles que les divers
individus peuvent offrir aux yeux d'un naturaliste peu exercé.

Le *P. tauricus* diffère du *P. femoralis* par son corps plus
étroit et surtout par son prosternum. Il paraît s'éloigner du *P.
aequalis* par son prothorax n'offrant pas de traces sensibles d'une
ligne longitudinale médiane, offrant ordinairement un peu
avant le milieu sa plus grande largeur; par les points des stries
moins rapprochés les uns des autres, moins nombreux; par son
prosternum ordinairement moins étroit. Le ♂ semble offrir les
jambes intermédiaires grêles et plus arquées à la base jusqu'au
cinquième de la longueur, plus dilatées postérieurement; creusées au côté interne de l'arête dorsale ou externe d'un sillon plus
léger, naissant d'un point plus éloigné de la base, et paraissant
parfois vers sa naissance appartenir à l'arête même; mais nous
avouons que nous n'avons trouvé aucun caractère bien fixe pour
le séparer de l'*aequalis*; cette espèce, si elle doit en former une,
réclame donc des études locales faites sur un plus grand nombre
d'individus.

18. P. aequalis, Faldermann.

*D'un noir luisant. Prothorax ordinairement un peu plus large à la base
que vers le milieu; marqué de points assez petits, sur un fond imperceptiblement pointillé: les points non réticuleux ou n'offrant qu'une légère tendance à la réticulation; offrant ordinairement des traces d'une ligne médiane.
Élytres à stries légères, étroites, notées de points ne les débordant pas ou les*

*débordant à peine (environ quarante à quarante-cinq sur la quatrième). Inter-
valles finement ponctués. Prosternum en ovale oblong, pointillé, relevé en
rebord, avec le disque concave ou chargé d'un faible relief.*

Pedinus aequalis, FALDERM. Faun. transcaucas. *in* Nouv. Mém. de la Soc. imp. des nat.
de Moscou, t. 5 (1840), p. 57, n° 236.

Long. 0,0090 à 0, 0095 (4 à 4 1/4 l.). Larg. 0,0042 à 0,0045 (1 7/8 à 2 l.).

Corps longitudinalement arqué, d'une manière un peu obtuse,
surtout chez le ♂; d'un noir luisant. *Tête* densement et assez
finement ponctuée; déprimée ou sillonnée sur la suture frontale,
un peu en arc dirigé en arrière; parfois notée d'une légère fossette vers le vertex. *Antennes* à peine plus longuement (♂) ou un
peu moins longuement ♀) prolongées que les angles postérieurs du
prothorax; d'un noir brun à la base, graduellement un peu
moins obscures; pubescentes dans leur seconde moitié; à neuvième et dixième articles presque aussi larges (♂), ou aussi larges
(♀) que longs. *Prothorax* élargi en ligne courbe jusqu'aux deux
cinquièmes, puis très-faiblement en ligne droite jusqu'aux angles
postérieurs, ordinairement un peu plus large ou au moins aussi
large à ceux-ci qu'à la moitié de sa longueur; à strie basilaire
avancée jusqu'au niveau de la quatrième strie des élytres, en
s'éloignant graduellement du bord postérieur, puis ordinairement prolongée d'une manière affaiblie du côté du milieu de la
base en se rapprochant de celle-ci; ponctué d'une manière assez
fine, non réticuleuse et n'offrant qu'une faible tendance à la réticulation entre le dos et les côtés, avec le fond imperceptiblement pointillé; ordinairement déprimé ou marqué d'une fossette
linéaire en devant de chaque cinquième de la base; offrant les
traces plus ou moins faibles et parfois peu distinctes d'une ligne
longitudinale médiane. *Elytres* presque parallèles jusqu'aux trois
cinquièmes, en ogive subarrondie postérieurement; médiocrement ou assez faiblement convexes; à stries très-étroites, légères
ou très-légères et presque réduites à des rangées striales de

points ne les débordant pas ou les débordant à peine (quarante
à quarante-cinq sur la quatrième). *Intervalles* plans; finement
ponctués sur un fond imperceptiblement pointillé. *Dessous du
corps* luisant. *Prosternum* en ovale oblong; plus ou moins étroit;
pointillé; relevé en rebord saillant dans sa périphérie, avec l'espace enclos par ce rebord soit concave, soit chargé d'un relief
médiaire léger. *Postépisternums* marqués de points assez gros,
peu rapprochés, séparés par des espaces presque lisses; arqués
au côté interne; deux fois et demie environ aussi longs que
larges. *Pieds* noirs: *Tarses* à peine moins obscurs.

PATRIE: les steppes des Kirghis, la Tureomanie, (collect. Mannerheim).

♂ *Cuisses antérieures* assez robustes: les *intermédiaires* et
postérieures sensiblement arquées : celles-ci garnies en dessous
jusqu'aux cinq sixièmes d'une frange d'un flave jaunâtre. *Jambes
de devant* élargies, en triangle allongé, depuis la base jusqu'à
l'extrémité; échancrées à peu près sur le sixième de leur arête
externe; deux fois à deux fois et quart environ aussi longues sur
cette arête qu'elles sont larges dans leur diamètre transversal le
plus grand. *Jambes intermédiaires* arquées à la base et sensiblement en sens contraire sur la seconde moitié de leur arête
externe; graduellement dilatées sur leur arête inférieure, en ligne
peu courbe à partir du tiers de la longueur de cette arête; chargées d'une carène à leur côté interne; creusées entre cette carène
et l'arête inférieure d'un sillon naissant sur le cinquième de la
base et prolongé jusqu'à l'extrémité, moins large à celle-ci que
dans son milieu. *Jambes postérieures* planes ou légèrement canaliculées en dessous jusque près de l'extrémité; glabres; marquées d'une rangée de points près de chaque bord latéral, avec
la partie longitudinalement médiaire, lisse. *Trois premiers articles des tarses antérieurs* ciliés de roux flave et dilatés: le deuxième plus large que le premier et surtout que le troisième; presque

aussi large que l'extrémité de la jambe. *Tarses intermédiaires* sensiblement dilatés.

♀ *Cuisses antérieures* moins robustes. *Jambes* droites : les *antérieures* moins larges que chez le ♂. *Tarses* non dilatés.

Obs. Cette espèce a beaucoup d'analogie avec les *P. femoralis, tauricus* et *volgensis*. Elle se distingue du premier par son corps plus étroit et surtout par son prosternum plus étroit ou plus allongé et n'offrant pas, sur la partie enclose par le rebord de la périphérie, des lignes ponctuées obliquement croisées. Nous indiquerons ci-après les différences qui semblent l'éloigner du dernier.

19. **P, volgensis.**

Médiocrement convexe ; d'un noir un peu luisant. Prothorax montrant ordinairement un peu avant le milieu sa plus grande largeur ; ponctué, avec quelque tendance à la réticulation entre le dos et les cotés ; offrant les traces plus ou moins faibles d'une ligne médiaire. Élytres offrant en largeur (réunies) les trois cinquièmes de leur longueur ; d stries légères ou très-légères, étroites, marquées de points ne les débordant pas (quarante d quarante-cinq sur la quatrième). Intervalles finement ponctués. Prosternum concave, quelquefois presque plan ; peu densement pointillé. Jambes intermédiaires du ♂ presque droites sur les deux tiers de leur arête externe.

Pedinus volgensis D. de Mannerheim in litter.

Long, 0,0090 (4 l.). Larg. 0,0036 (1 2/3 l.).

Corps obtusément arqué longitudinalement ; d'un noir un peu luisant. *Tête* densement ponctuée ; sillonnée sur la suture frontale. *Antennes* un peu moins longuement prolongées que les angles postérieurs du prothorax ; noires, graduellement moins obscures ou d'un brun fauve à l'extrémité : à neuvième article brièvement ovale, un peu moins large (♂) ou à peine aussi large (♀) que long. *Prothorax* médiocrement élargi en ligne courbe jusqu'aux deux cinquièmes (un peu moins ou un peu plus,

presque parallèle ensuite, à peine sensiblement élargi graduellement vers la base (♀) ou très-légèrement rétréci (♂); muni
d'un rebord latéral généralement plus apparent que chez les autres
espèces; à strie basilaire avancée jusqu'au niveau de la quatrième
strie des élytres, où elle se termine parfois par une légère fossette, graduellement un peu plus écartée, vers ce point, du bord
postérieur, offrant ensuite souvent des traces plus ou moins faibles dirigées vers le milieu de la base, en se rapprochant du bord
postérieur; de moitié environ plus large à la base que long dans
son milieu; médiocrement convexe; ponctué, sur un fond presque imperceptiblement pointillé: les points offrant entre le dos
et les côtés quelque tendance à la réticulation; montrant ordinairement les traces d'une ligne longitudinale médiaire, parfois
à peine distincte. *Ecusson* en triangle plus large que long; presque lisse. *Elytres* de moitié ou de deux cinquièmes plus longues
que larges réunies; presque parallèles jusqu'aux trois cinquièmes; à stries étroites, légères ou très-légères, marquées de points
qui ne les débordent pas ou les débordent à peine (quarante à
quarante-cinq sur la quatrième strie): les troisième et quatrième
unies postérieurement, ainsi que les sixième et septième: celles-
ci plus courtes et encloses par les cinquième et huitième. *Intervalles* plans, assez finement ponctués sur un fond imperceptiblement pointillé. *Dessous du corps* luisant. *Prosternum* pointillé;
longitudinalement concave, quelquefois plan quand cette cavité
est remplie. *Postépisternums* ponctués; un peu arqués à leur
côté interne; deux fois et demie aussi longs que larges dans leur
milieu. *Pieds* ruguleusement pointillés. *Tarses* à peine moins
obscurs.

PATRIE: Sarepta (Russie méridionale), (collect. Mannerheim).

♂ *Cuisses antérieures* assez robustes: les *intermédiaires* et
postérieures sensiblement arquées: celles-ci, garnies en dessous
jusqu'aux quatre cinquièmes ou cinq sixièmes d'une frange flave
roussâtre. *Jambes de devant* triangulairement élargies de la base

à l'extrémité ; échancrées à peine sur le sixième de leur arête externe ; deux fois à deux fois et quart environ aussi longues sur cette arête qu'elles sont larges dans leur diamètre transversal le plus grand. *Jambes intermédiaires* faiblement arquées à la base, à peu près droites sur les trois quarts ou deux tiers postérieurs de leur arête externe, faiblement dilatées sur l'arête inférieure, en ligne presque droite sur la moitié postérieure de celle-ci ; convexes à leur côté interne ; rayées, sur les deux tiers postérieurs de celui-ci, d'une ligne longitudinale simulant un sillon léger et très étroit. *Jambes postérieures* planes ou légèrement canaliculées en dessous jusque près de l'extrémité ; glabres ; marquées d'une rangée de points près de chaque bord latéral avec la partie longitudinale médiaire, lisse. *Trois premiers articles des tarses antérieurs* ciliés de roux flave et dilatés : le deuxième un peu plus large que le premier et surtout que le troisième ; à peine plus large que la moitié de l extrémité de la jambe. *Tarses intermédiaires* sensiblement dilatés.

♀ *Cuisses antérieures* moins robustes. *Jambes* droites : les *antérieures* moins larges que chez le ♂. *Tarses* non dilatés.

Obs. Cette espèce varie aussi sous le rapport de la légèreté des stries ; elles paraissent être plus légères chez la ♀, ce qui, joint à une convexité moins médiocre du corps, contribue à lui donner une physionomie un peu différente.

Le *P. volgensis* a beaucoup d'analogie avec les *P. femoralis, tauricus* et *aequalis*. Il s'éloigne du premier par son corps proportionnellement plus étroit, et surtout par son prosternum. Les caractères tirés de cette pièce permettent de le séparer plus ou moins facilement du *P. tauricus* : il se rapproche davantage du *P. aequalis*; mais le *P. volgensis* par les jambes intermédiaires du ♂ à peu près en ligne droite sur les deux tiers postérieurs de leur arête dorsale ou externe, se distingue de tous les autres ; il semble par là faire pressentir l'état normal des mêmes jambes chez les ♂ des espèces du genre suivant. Ce caractère, joint à

celui des tarses antérieurs qui sont proportionnellement plus
étroits dans le même sexe, suffisent pour indiquer une différence
spécifique réelle.

BB. Prothorax offrant vers chaque cinquième externe de la base les
traces à peine distinctes d'un angle rentrant. (*G. Blindus*).
♂ *Jambes intermédiaires* droites ; médiocrement comprimées ; très-
faiblement élargies de la base à l'extrémité. *Tarses* comme ceux des
précédents.

20. **P. strigosus**, Faldermann.

*D'un noir peu luisant. Prothorax faiblement arqué sur les côtés, offrant
vers les quatre septièmes sa plus grande largeur ; presque indistinctement en
angle rentrant vers chaque cinquième externe de son bord postérieur; réticuleusement ponctué. Élytres à stries prononcées et ponctuées (quarante-cinq à cinquante points sur la quatrième strie). Intervalles presque plans en devant;
graduellement convexes postérieurement ; assez densement ponctués. Prosternum rebordé et rayé d'un sillon médiaire léger. Postépisternums un peu rétrécis d'avant en arrière.*

Pedinus strigosus Faldermann, Coléop, ab. illustr. Bungio etc. (Mémoires présentés
à l'Acad. de Saint-Pétersbourg par divers savants, t. 2 (1835); p. 74, n. 57.)

Long. 0,0090 (4 l.). Larg. 0,0039 (1 1/4 l.).

♂ *Corps* oblong ; arqué ; d'un noir peu luisant. *Tête* marquée de points ronds, assez gros sur le front, un peu moins sur
l'épistome, assez rapprochés; peu ruguleuse; sillonnée sur la
suture frontale. *Antennes* au moins aussi longuement prolongées
que les angles postérieurs du prothorax; noires, graduellement
en partie moins obscures, à dernier article en majeure partie
fauve; à troisième article de moitié environ plus long que le
suivant: les sixième à dixième plus sensiblement obconiques,
plus longs que larges : le onzième en ovale oblong. *Prothorax*
faiblement arqué sur les côtés, c'est-à-dire élargi en ligne un
peu courbe jusqu'aux quatre septièmes environ, plus faible-

ment rétréci ensuite ; à strie basilaire ne dépassant pas le quart externe, presque indistincte ; réticuleusement ponctué. *Elytres* à peine plus larges vers les deux cinquièmes ; peu convexes ; à stries prononcées, marquées de points presque arrondis, très-rapprochés les uns des autres, les débordant un peu (quarante cinq à cinquante de ces points sur la quatrième strie). *Intervalles* assez finement ponctués, c'est-à-dire marqués de points presque ronds, assez petits, séparés les uns des autres par un intervalle à peine égal à leur diamètre ; presque plans en devant, graduellement et sensiblement convexes, et rendant par là les stries plus prononcées ; un peu crénelés par les points des stries. *Dessous du corps* ridé sur les côtés de l'antépectus ; ponctué sur le ventre, avec les côtés assez légèrement ridés. *Prosternum* ruguleusement ponctué ; rebordé, rayé d'un sillon médiaire léger. *Postépisternums* à peine arqués du côté interne, rétrécis assez faiblement d'avant en arrière. *Tarses* moins obscurs.

PATRIE : la Chine boréale, (muséum de Saint-Pétersbourg, *type*).

♂ *Jambes de devant* presque droites sur leur arête externe, sensiblement arquées en dedans sur l'interne ; élargies de la base à l'extrémité ; à peu près égales dans leur diamètre transversal le plus grand au tiers de leur longueur. *Jambes intermédiaires* et *postérieures* droites ; à peine élargies d'avant en arrière : *tarses antérieurs* très dilatés ; d'un fauve testacé sur les côtés ; garnis en dessous d'un duvet de même couleur, très-serré. *Tarses intermédiaires* presque parallèles et à peine dilatés.

♀ Inconnue.

OBS. Dans l'exemplaire unique soumis à notre examen, la troisième strie est unie postérieurement à la huitième : les quatrième et cinquième, sixième et septième, sont unies par paire et encloses par les troisième et huitième.

Cette espèce lie d'une manière presque insensible les *Pedinus* aux *Colpotus*. En examinant de certain côté le bord postérieur du prothorax, on reconnaît que l'arc n'est déjà plus aussi régulier

que chez les autres Pédines, et l'on peut même distinguer la
tendance qu'a ce rebord à former un angle rentrant vers le quart
ou le cinquième externe de la longueur. Les jambes intermédaires
(♂) éloignent cette espèce de toutes les précédentes.

Genre *Colpotus*, Colpote.

(κολπωτός, sinueux).

CARACTÈRES. *Prothorax* bissinué à la base; presque en ligne
droite sur les deux cinquièmes médiaires de celle-ci, avec les angles postérieurs prolongés en arrière en forme de dent : cette
dernière égale à sa base au cinquième du bord postérieur. *Élytres*
obliquement coupées presque sur la moitié externe de leur base,
ou paraissant telles, presque jusqu'au bord externe.

Ajoutez à ces caractères :

Antennes presque aussi longuement ou un peu plus longuement prolongées que les côtés du prothorax; grossissant faiblement à partir du septième ou du huitième article: le troisième,
d'un quart ou d'un tiers plus long que le suivant : les cinquième
à neuvième obconiques : les huitième à dixième ordinairement
plus longs que larges chez le ♂, parfois à peine aussi longs que
larges, surtout chez la ♀ : le dernier ovalaire. *Prothorax* à strie
latérale souvent peu visible en dessus; à strie basilaire ordinairement entière ou à peu près. *Élytres* à stries plus ou moins
prononcées: les troisième et quatrième ordinairement liées ou
presque liées à leur extrémité : les cinquième et huitième liées
aussi ordinairement ensemble, en enclosant les sixième et septième qui sont plus courtes, mais offrant parfois des dispositions
différentes. *Dessous du corps* rayé sur les côtés de l'antépectus
de sillons ou de rides ordinairement longitudinaux, parfois
cependant obliques. *Cuisses antérieures* sillonnées ou planes en
dessous: celles de devant et de derrière le plus souvent garnies,

chez le ♂, d'une frange courte et étroite de poils flavescents ; toujours glabres, chez la ♀. *Jambes* de formes variables : les *antérieures,* peu ou médiocrement élargies (♂♀) ; souvent arquées, principalement chez le ♂ ; chargées en dessous, chez celui-ci, d'une carène longitudinale arquée, plus ou moins obtuse ; peu ou point planes chez la ♀ : les *intermédiaires* rarement en forme d'S peu arquée, ordinairement droites ou presque droites et peu ou point sensiblement chargées d'une carène sur leur face interne, chez le ♂ ; droites et sans traces de carène chez la ♀ : les *postérieures* toujours glabres (♂♀) ; souvent arquées et ordinairement presque planes en dessous ou en tournant sur le côté, chez le ♂ ; simplement un peu comprimées et droites chez la ♀.

Les insectes de ce genre semblent représenter celui de *Selinus* de la branche des Opatrinaires, et celui d'*Eurynotus* de la tribu suivante.

α. Côtés de l'antépectus rayés de rides ou sillons longitudinaux.

β. Prothorax sensiblement déprimé longitudinalement au devant de chaque sinuosité basilaire, au moins à partir de la moitié de la longueur, et d'une manière graduellement plus apparente jusqu'au bord postérieur.

γ. Prothorax réticuleux, offrant dans la direction de chaque sinuosité basilaire les mailles de ce réseau allongées en forme de rides. *strigicollis*

γγ. Prothorax peu ou point réticuleux sur le dos, n'offrant pas dans la direction de chaque sinuosité des points ou mailles allongées en forme de rides.

δ. Prothorax offrant vers la base sa plus grande largeur. Élytres de moitié plus longues que larges, prises ensemble. *similaris.*

δδ. Prothorax offrant vers la moitié sa plus grande largeur. Elytres près d'une fois plus longues que larges prises ensemble. *Godarti.*

ββ. Prothorax sans dépression sensible au devant de
chaque sinuosité basilaire.

ı. Elytres à stries légères ou peu profondes, marquées
de plus de quarante points sur la quatrième strie,
Prosternum rayé d'une strie basilaire près de chaque
bord, faiblement convexe ou presque plan sur la
partie médiaire ; souvent rayé d'une ligne sur
celle-ci.   *byzantinus.*

ıı. Élytres à stries très-prononcées ou profondes,
marquées de moins de trente-six points sur la quatrième. Prosternum concave ou relevé sur ses bords.   *sulcatus.*

αα. Côtés de l'antépectus rayés de sillons séparés par des
lignes saillantes, obliquement dirigées d'avant en arrière
et onduleuses. Élytres ovalaires, sensiblement élargies
de la base jusque vers la moitié de la longueur.   *pectoralis.*

<h3 style="text-align:center">1. C. strigicollis.</h3>

*Ovale-oblong; d'un noir luisant, d'un aspect soyeux sur le prothorax. Celui-
ci subparallèle ou sinué dans sa seconde moitié; superficiellement pointillé
sur ses bords latéraux qui semblent épaissis, réticuleusement ponctué sur le
reste de sa surface : les mailles de ce réseau, allongées en forme de rides sur
la partie longitudinale et déprimée qui correspond aux sinuosités basilaires ;
à strie marginale invisible en dessus. Élytres de moitié plus longues que
larges; à stries très-marquées et ponctuées (trente-cinq points sur la quatrième).
Intervalles densement ponctués ; faiblement convexes en devant, convexes postérieurement : le septième un peu plus saillant. Postépisternums réticuleusement ridés.*

Pandarus strigosus, Ach. Costa, Descrip. di alcun. Coleotter. etc. *in* Annali dell'
  Accad. degli. aspiranti naturalisti, 2ᵉ serie, t. 1 (1847), p. 144. — *Id.* Memoria
  entomol., p. 62 (suivant l'exemplaire typique communiqué par M. Costa).
Pedinus sericeicollis (Dej.) catal. 1837, p. 212, suivant M. Deyrolle.
Pedinus strigicollis, De Mannerheim, in litter.

Long. 0,0078 à 0,0100 (3 1/2 à 4 1/2 l.). Larg. 0,0036 à 0,0052 (1 2/3 à 2 1/3 l.).

Corps ovale-oblong; sensiblement arqué longitudinalement ;
faiblement convexe ; d'un noir soyeux sur le prothorax, moins

luisant sur les élytres. *Tête* densement ponctuée; obsolètement
sillonnée sur la suture frontale. *Antennes* noires, avec les derniers articles d'un brun de poix ou d'un brun fauve. *Prothorax*
élargi en ligne courbe jusqu'à la moitié de ses côtés, puis presque
parallèle ou faiblement élargi; rayé latéralement d'une ligne
légère, peu ou point visible quand l'insecte est examiné en dessus; en ligne droite ou à peine obtuse dans son milieu sur le
tiers médiaire de son bord postérieur; rayé d'une ligne basilaire à peine interrompue dans son milieu, mais souvent en
partie peu apparente; près d'une fois plus large à la base que
long dans son milieu; assez faiblement convexe; déprimé longitudinalement dans la direction des sinuosités basilaires, et d'une
manière graduellement plus prononcée près de celles-ci; ponctué d'une manière fine et plus ou moins superficielle sur ses
bords latéraux qui semblent épaissis et sans rebord, réticuleusement ponctué sur le reste de sa surface : les mailles de ce réseau
allongées en forme de rides longitudinales sur la partie déprimée.
Elytres de moitié environ plus longues que larges, prises ensemble;
à stries très-marquées, postérieurement plus profondes ; notées
de points longitudinalement séparés par un intervalle à peine
aussi grand que leur diamètre (environ trente-cinq de ces points
sur la quatrième strie). *Intervalles* un peu crénelés en devant
par les points des stries; densement ponctués; faiblement ou
assez faiblement convexes en devant, plus convexes postérieurement : le septième un peu plus saillant, le voisin du repli en
partie visible en dessous au moins chez la ♀. *Dessous du corps*
un peu plus luisant. *Prosternum* en pointe recourbée à son
extrémité; profondément creusé; ponctué et parfois rayé. *Postépisternums* réticuleusement ponctués. *Pieds* noirs. *Tarses* d'un
brun de poix.

Patrie : l'Etrurie, (collect. Deyrolle); le royaume de Naples,
(Costa); la Sicile, (de Mannerheim, Schaum).

Cette espèce, suivant M Costa, vit errante dans les lieux sablonneux. Elle est ordinairement d'une taille moins grande ou plus petite dans les montagnes que dans les plaines.

♂ *Cuisses antérieures* ciliées, munies en dessous, près de l'extrémité de leur bord postérieur, d'un fascicule de poils flavescents : les *postérieures* arquées ; échancrées en arc en dessous jusque vers les cinq sixièmes, où elles semblent armées d'une petite dent ; brièvement garnies d'un duvet jaunâtre vers le bord externe de cette échancrure. *Jambes de devant* arquées sur leur arête externe ; inégalement élargies, un peu anguleuses vers la moitié de leur arête inférieure et faiblement échancrées entre ce point et l'extrémité. *Jambes intermédiaires et postérieures* grêles : les intermédiaires comprimées, un peu arquées à la base, presque droites ensuite, graduellement et faiblement élargies ; offrant sur leur face interne les faibles traces d'une carène, près de l'arête inférieure : les postérieures arquées sur toute leur longueur. *Trois premiers articles des tarses antérieurs* ciliés et fortement dilatés, moins larges à partir du premier : *tarses intermédiaires et postérieurs* grêles.

♀ *Cuisses postérieures* peu arquées, glabres. *Jambes* antérieures à peine arquées : les intermédiaires, droites. *Tarses* antérieurs faiblement épaissis.

Obs. Nous avons été obligé de ne pas adopter le nom donné par M. Costa, Faldermann ayant déjà appliqué à une autre espèce de Pédinaire l'épithète de *strigosus*.

2. C. similaris.

Ovale-oblong; d'un noir luisant. Prothorax offrant vers les angles postérieurs sa plus grande largeur ; ponctué ; réticuleux, seulement sur la partie longitudinale et peu déprimée correspondant aux sinuosités basilaires ; à strie marginale peu visible en dessus. Elytres de moitié à peine aussi longues que larges ; à stries ponctuées (quarante à quarante-cinq points sur la quatrième strie). Intervalles densement ponctués, presque plans en devant, faiblement ou assez faiblement convexes postérieurement. Postépisternums ponctués.

Pedinus similaris, DEYROLLE, in litter.

Pandarus ovalis, CHEVROLAT, in litter.

Long. 0,078 à 0,0093 (3 1/2 à 4 1/8 l.). Larg. 0,0036 à 0,0045 (1 2/3 à 2 l.).

Corps ovale-oblong ; assez médiocrement convexe ; d'un noir luisant. *Tête* assez densement ponctuée ; marquée d'un sillon peu profond sur la suture frontale. *Antennes* noires, avec l'extrémité d'un brun de poix ou d'un brun fauve. *Prothorax* élargi en ligne assez faiblement courbe sur les côtés , d'une manière un peu plus sensible jusqu'à la moitié, qui par là paraît un peu anguleuse ; rayé latéralement d'une ligne peu ou point visible quand l'insecte est examiné en dessus ; en ligne à peu près droite, mais plus ou moins sensiblement échancrée dans son milieu sur le tiers médiaire de son bord postérieur ; rayé d'une ligne basilaire interrompue à la sinuosité médiaire ; près d'une fois plus large à la base que long dans son milieu ; assez faiblement ou très-médiocrement convexe ; ponctué, d'une manière plus fine sur ses bords latéraux qui semblent un peu épaissis dans leur seconde moitié , et d'une manière réticuleuse sur la partie longitudinale correspondant aux sinuosités ; à peine déprimé au devant de celles-ci. *Elytres* à peine de moitié plus longues que larges, prises ensemble ; à stries plus ou moins marquées en devant, graduellement plus prononcées à leur partie postérieure ; notées de points assez petits, longitudinalement séparés par un intervalle au moins aussi grand que leur diamètre (environ quarante à quarante-cinq de ces points sur la quatrième strie). *Intervalles* peu ou point crénelés par les points des stries ; densement ponctués , plans ou presque plans en devant, faiblement ou assez faiblement convexes postérieurement : le septième non saillant : les troisième et cinquième généralement plus larges : le voisin du repli en partie visible en dessous, au moins chez la ♀. *Dessous du corps* un peu plus luisant. *Prosternum* en pointe peu recourbée à son extrémité ; assez faiblement concave ; réticuleusement ponctué. *Postépisternums* non réticuleux. *Pieds* noirs. *Tarses* à peine moins obscurs.

Patrie: le Portugal, (collect. Aubé, Chevrolat, Deyrolle).

♂ *Cuisses antérieures* ciliées en dessous : les *postérieures* arquées ; planes ou à peine canaliculées et glabres sur leur arète inférieure. *Jambes antérieures* élargies de la base à l'extrémité et d'une manière un peu plus sensible sur le tiers médiaire de leur arète inférieure. *Jambes intermédiaires* graduellement comprimées et dilatées ; arquées en dehors dans leur première moitié, en sens contraire dans la seconde ; convexes sur leur face interne. *Jambes postérieures* grèles ; faiblement arquées ; obliquement coupées sur leur arète inférieure. *Tarses antérieurs* à trois premiers articles fortement dilatés, surtout le premier. *Tarses intermédiaires* épaissis : les *postérieurs*, grèles.

♀ *Cuisses postérieures* à peine arquées. *Jambes* simples. *Tarses antérieurs* faiblement épaissis ou moins grèles que les suivants, à leurs trois premiers articles.

Obs. Les intervalles des élytres souvent plans ou à peu près, au moins en devant, sont parfois plus ou moins légèrement convexes, et, dans ce dernier cas, les intervalles séparant les points sont moins unis, ce qui donne à ces intervalles une physionomie un peu variable. La forme des jambes postérieures du ♂ distingue cette espèce de toutes les autres.

3. C. Godarti.

Oblong ou suballongé ; très-faiblement convexe ; d'un noir ou noir brun un peu luisant. Antennes brunes, avec l'extrémité d'un brun fauve. Prothorax subsinué près des angles postérieurs ; déprimé au devant de chaque sinuosit basilaire. Élytres d'un tiers au moins plus larges que longues, prises ensemble ; à stries plus prononcées postérieurement ; marquées de points qui crénèlent sensiblement les intervalles (environ quarante d quarante-cinq sur la quatrième strie). Intervalles faiblement convexes en devant, convexes postérieurement ; densement ponctués. Prosternum peu finement ponctué ; creusé d'un sillon longitudinal.

Long. 0,0090 à 0,0107 (4 à 4 3/4 l.). Larg. 0,0036 à 0,0042 (1 2/3 à 1 7/8 l.).

Corps oblóng ou suballongé ; faiblement arqué longitudinalement ; très-faiblement convexe ; noir ou d'un noir brun, un peu
luisant. *Tête* (y compris le labre) ordinairement de même couleur;
marquée de points ronds assez épais ; déprimée ou sillonnée sur
la suture frontale. *Antennes* brunes ou d'un brun châtain, avec
l'extrémité graduellement un peu moins obscure, avec le dernier
article fauve obscur. *Prothorax* ordinairement arqué sur les côtés
et offrant vers le milieu sa plus grande largeur, quelquefois et
peut-être par anomalie, presque graduellement élargi d'avant en
arrière chez le ♂ ; assez faiblement mais sensiblement sinué sur
les côtés entre le milieu et les angles postérieurs ; faiblement
convexe ; déprimé ou presque sillonné longitudinalement au devant
des sinuosités basilaires, depuis la moitié de la longueur ou un
peu avant jusqu'à ces sinuosités, et d'une manière graduellement plus sensible d'avant en arrière ; ponctué assez densement
et d'une manière sensiblement réticuleuse sur la partie déprimée ; offrant en devant, dans la même direction, quelque tendance à la réticulation. *Élytres* d'un tiers au moins plus longues
que larges, prises ensemble ; presque.parallèles jusqu'aux trois
cinquièmes (♂), sensiblement élargies dans leur partie moyenne
(♀) ; faiblement convexes ; à stries assez faibles en devant, plus prononcées postérieurement ; marquées de points qui crénèlent sensiblement les intervalles (environ quarante à quarante-cinq de
ces points sur la quatrième strie). *Intervalles* faiblement convexes en devant, plus convexes postérieurement et rendant par
là les stries plus profondes ; densement et peu finement ponctués. *Dessous du corps* noir, un peu luisant. *Postépisternums*
marqués de points presque disposés en lignes obliques ; non réticuleux ; lisses sur les intervalles des points. *Prosternum* concave
ou longitudinalement creusé d'un sillon longitudinal plus profond
vers ses trois cinquièmes, offrant parfois de chaque côté de ce

sillon les traces d'une ligne faible. *Pieds* noirs ou d'un noir brun : *tarses* ordinairement un peu moins obscurs.

PATRIE : la Corse, (muséum de Paris ; collect. Godart, Reiche).

♂ *Cuisses de devant* garnies de cils flavescents sur les deux tiers basilaires de leur gouttière inférieure ; en ligne presque droite sur celle-ci. *Jambes antérieures* sensiblement arquées ; grèles à la base, graduellement élargies ; à peine plus larges dans leur diamètre transversal le plus grand que le quart de la longueur de leur arête inférieure : les *intermédiaires* simples ; presque droites, faiblement échancrées en dessous sur leurs deux cinquièmes basilaires : les *postérieures* sensiblement arquées ; glabres. *Tarses intermédiaires* un peu épais et d'une manière presque égale.

♀ *Cuisses antérieures* peu sensiblement renflées dans le milieu. *Jambes antérieures* faiblement arquées. *Tarses antérieurs* offrant leurs trois premiers articles un peu plus épais que les intermédiaires.

OBS. Nous avons dédié cette espèce à M. Godart, l'un de nos Entomologistes les plus instruits, auteur de plusieurs opuscules qui témoignent de son esprit observateur.

Elle se distingue des deux espèces précédentes par son corps plus parallèle, moins ovale ; elle s'éloigne des espèces suivantes par sa taille moins petite, et surtout par la dépression que présente son prothorax au devant de chaque sinuosité basilaire. Le ♂ est d'ailleurs facile à reconnaître à la conformation différente de ses jambes antérieures, qui l'éloignent du *byzantinus* et à celle des postérieures qui par leur courbure le séparent du *sulcatus*.

4. **C. byzantinus** ; (KLUG.) WALTL.

Suballongé ; médiocrement convexe ; d'un noir un peu luisant. Antennes d'un châtain fauve. Prothorax élargi en ligne courbe dans sa première moitié, presque parallèle dans sa seconde ; presque réticuleusement ponctué et non déprimé dans la direction des sinuosités basilaires. Élytres à stries peu profondes, marquées de points qui ne crénèlent pas les intervalles (plus de quarante de

*ces points sur la quatrième strie). Intervalles plans ou presque plans en devant,
faiblement convexes postérieurement ; densement pointillés. Prosternum presque plan, rebordé et souvent rayé d'une strie médiaire. Tarses bruns.*

Pedinus byzantinus, (KLUG.) WALTL., Kenntniss d. ⁻oleop. d. Turk. *in* Isis von OKEN,
(1838),p. 462. 74.

Long. 0,0078 (3 1/2 l.) Larg. 0,0033 (1 1'2 l.)

Corps oblong ou suballongé ; faiblement arqué longitudinalement ; assez faiblement ou médiocrement convexe ; d'un noir un
peu luisant. *Téte* brune sur l'épistome, finement ponctuée ; assez
légèrement sillonnée sur la suture frontale ; offrant ordinairement après celle-ci un espace triangulaire presque plan ; à peine
sillonnée après les yeux. *Antennes* d'un châtain fauve, graduellement un peu plus claires vers leur extrémité. *Prothorax* élargi
assez faiblement en ligne courbe jusqu'aux deux cinquièmes ou à
la moitié, presque parallèle ensuite ; à peine plus large ou aussi
large vers la moitié qu'aux angles postérieurs ; à strie marginale
faiblement visible en dessus ; médiocrement ou peu fortement
convexe ; ponctué, d'une manière plus fine sur les bords latéraux
qui semblent épaissis, que sur le dos, et d'une manière un peu
plus grosse et presque réticuleuse ou tendant à la réticulation ,
entre ces deux points, c'est-à-dire sur la partie longitudinale située
au devant de chaque sinuosité ; non déprimé sur cette partie. *Elytres* rétrécies assez faiblement (♂) jusqu'aux trois cinquièmes ;
assez faiblement ou très-médiocrement convexes ; à stries peu
profondes et ponctuées ; (environ quarante-cinq de ces points sur
la quatrième strie) : les troisième et quatrième, et sixième et
septième unies postérieurement par paires : les troisième et quatrième jusqu'aux sept huitièmes : les sixième et septième presque
jusqu'aux quatre cinquièmes. *Intervalles* finement et densement
ou assez densement ponctués ; plans ou presque plans en devant,
à peine ou assez faiblement convexes postérieurement. *Dessous
du corps* luisant ; rayé de rides ou sillons longitudinaux étroits ,

et un peu entrelacés. *Postépisternums* réticuleusement ponctués. *Prosternum* presque plan, ponctué, rebordé ou rayé d'une strie près des côtés; parfois rayé d'une ligne médiaire fine. *Pieds* d'un noir brun ou bruns. *Cuisses* robustes.

PATRIE: la Turquie d'Europe, (collect. Chevrolat).

♂ *Cuisses* arquées sur leur arête antérieure : *celles de devant*, offrant vers leur moitié ou un peu après, leur plus grande largeur; glabres ou à peu près en dessous: les *intermédiaires* presque en ligne droite, en dessous : les *postérieures* médiocrement arquées, échancrées en arc et ciliées en dessous jusqu'aux quatre cinquièmes. *Jambes antérieures* épaisses, élargies fortement de la base à l'extrémité, échancrées à l'extrémité, sur les deux septièmes de leur arête externe; au moins aussi larges vers cette échancrure que le tiers de la longueur de leur arête inférieure; les *intermédiaires* un peu moins fortement élargies, échancrées à l'extrémité sur les deux cinquièmes de leur arête externe; sub-convexes à leur côté interne : les *postérieures*, droites. *Tarses antérieurs* très-élargis et ciliés : le premier article presque aussi large que l'extrémité des jambes, une fois au moins aussi large que long. *Tarses intermédiaires* offrant les trois premiers articles élargis moins fortement.

♀ Inconnue.

5. O. sulcatus.

Assez faiblement convexe; d'un noir luisant, en dessus ; front assez finement ponctué. Antennes brunes à la base; plus claires à l'extrémité. Prothorax offrant vers la moitié sa plus grande largeur, faiblement rétréci ensuite; un peu réticuleux et non déprimé dans la direction longitudinale des sinuosités basilaires. Élytres à stries profondes, marquées de points qui crénèlent les intervalles (environ trente-cinq de ces points sur la quatrième strie). Intervalles assez faiblement ou médiocrement convexes en devant, plus convexes postérieurement; assez densement pointillés; deux fois à peine aussi larges que les stries. Côtés de l'antépectus sillonnés de rides longitudinales. Prosternum concave ou relevé en rebord, souvent rayé en devant d'une ligne fine et raccourcie.

Long 0,0072 à 0,0078 (3 1/4 à 3 1/2 l.). Larg. 0,0025 à 0,0033 (1 1/8 à 1 1/2 l.).

Corps oblong ou suballongé; presque plan sur sa partie longitudinale médiaire; faiblement ou assez faiblement convexe;
d'un noir luisant. *Labre* ordinairement d'un rouge brun. *Tête* le
plus souvent d'un brun rouge sur l'épistome; densement ponctuée;
sillonnée sur la suture frontale. *Antennes* brunes à la base, d'un
brun rouge graduellement plus clair vers leur extrémité. *Prothorax* élargi assez faiblement en ligne un peu courbe jusqu'aux
deux cinquièmes ou un peu plus, presque parallèle ensuite ou
à peine et graduellement rétréci, paraissant ordinairement offrir
vers la moitié ou un peu avant, sa plus grande largeur; d'un
tiers environ plus large à la base que long dans son milieu; à
strie marginale peu ou point apparente; à strie basilaire non
interrompue; à peine arqué entre les sinuosités basilaires et notablement moins prolongé en arrière que les angles; assez faiblement convexe; ponctué, plus finement vers les bords latéraux
qui semblent épaissis que sur le dos et d'une manière un peu
réticuleuse entre ces deux points; non déprimé dans la direction
longitudinale des sinuosités basilaires. *Élytres* presque parallèles
jusqu'aux trois cinquièmes ou un peu plus (♂), très-faiblement et
graduellement élargies vers le milieu; peu convexes sur le dos,
convexement déclives sur les côtés; à stries plus ou moins profondes et marquées de points qui crénèlent les intervalles (environ trente-deux à trente-cinq de ces points sur la quatrième strie).
Intervalles assez densement et finement ponctués; peu ou médiocrement convexes en devant, et d'une manière plus sensible ou
plus prononcée à leur partie postérieure. *Dessous du corps* brun
ou d'un noir brun, luisant; rayé sur les côtés de l'antépectus de
rides ou de sillons longitudinaux peu ou point ponctués. *Postépisternums* réticuleusement ponctués. *Prosternum* concave ou
relevé en rebord, souvent rayé au devant d'une ligne fine et

raccourcie. *Pieds* bruns d'un brun rougeâtre. *Cuisses* peu ou médiocrement renflées.

Patrie: l'île de Crète,(collect. Perroud);la Syrie,(collect. Aubé.

♂ *Cuisses antérieures* garnies de cils flavescents sur les deux tiers basilaires de leur gouttière inférieure, un peu anguleuses à l'extrémité de ces cils, offrant vers ce point leur plus grande largeur; les *postérieures* médiocrement arquées, échancrées en dessous et ciliées sur les trois quarts ou un peu plus. *Jambes antérieures* épaisses, graduellement élargies de la base à l'extrémité, presque aussi larges à celle-ci que le tiers de la longueur de leur arête inférieure : les *intermédiaires* assez grêles, simples, droites et coupées d'une manière peu oblique à l'extrémité de de leur arête externe : les *postérieures* arquées *Tarses antérieurs* très-élargis et ciliés : les *intermédiaires* un peu épaissis d'une manière presque égale.

♀ *Cuisses antérieures* sensiblement renflées dans leur milieu, offrant vers ce point leur plus grande largeur : les *postérieures* très-légèrement échancrées en dessous, sans dent vers les cinq sixièmes. *Jambes* antérieures faiblement arquées; à peine aussi larges à leur extrémité que le quart de leur arête inférieure : les *intermédiaires* et *postérieures* simples et droites. *Trois premiers articles des tarses intermédiaires* un peu épaissis, moins grêles que les suivants.

Obs. La convexité des intervalles des élytres varie un peu et fait paraître, par là, les stries d'une profondeur et d'une largeur un peu variable; mais ces légères différences n'empêchent pas de reconnaître facilement l'espèce.

6. C. pectoralis.

Suballongé; d'un noir luisant. Front réticuleux. Prothorax assez faiblement arqué sur les côtés; offrant vers le milieu sa plus grande largeur ; réticuleux dans la direction des sinuosités basilaires; déprimé faiblement près de celles-ci; arqué en arrière à la base, entre les sinuosités. Elytres graduellement élargies vers leur milieu ; à stries plus profondes en arrière ; ponctuées (vingt-huit d trente-deux points sur la quatrième strie). Intervalles assez finement ponctués, convexes postérieurement. Côtés de l'antépectus rayés de rides obliques séparées par des intervalles saillants et onduleux. Prosternum peu finement ponctué ; rayé d'un sillon médiaire étroit.

Long. 0,0078 à 0,0090 (3 1/2 à 4 l.). Larg. 0,0030 à 0,0035 (1 2/3 à 1 3/5 l.).

Corps oblong ou suballongé ; faiblement (♀) ou assez faiblement (♂) arqué longitudinalement jusqu'aux trois cinquièmes ou un peu plus des élytres, convexement déclive postérieurement ; faiblement convexe sur le dos ; d'un noir luisant. *Tête* réticuleusement ponctuée sur le front ; finement ponctuée sur l'épistome : celui-ci brun ou d'un brun rougeâtre. *Palpes* de cette dernière couleur. *Antennes* brunes à la base ; graduellement d'un brun rougeâtre. *Prothorax* assez faiblement arqué sur les côtés, offrant vers la moitié de sa longueur sa plus grande largeur, à peine ou peu sensiblement sinué près des angles postérieurs ; d'un tiers environ plus large à la base que long dans son milieu ; à strie marginale peu ou point visible en dessus ; à strie basilaire non interrompue ; arqué en arrière entre chaque sinuosité basilaire et moins prolongé dans son milieu qu'aux angles ; faiblement convexe ; assez finement ponctué sur le dos et surtout sur les côtés qui sont épaissis ; réticuleusement ponctué dans la direction longitudinale des sinuosités basilaires : les mailles de ce réseau assez allongées ; sensiblement déprimées au devant de ces sinuosités, à partir de la moitié de la longueur. *Elytres* élargies graduellement à partir de la base jusque vers la moitié ; peu convexes sur le dos, convexement inclinées sur les côtés ; à rebord latéral invisible ou à peu près, en dessus ; à stries plus profondes postérieurement ; marquées de points qui crénèlent les intervalles (environ vingt-huit à trente-deux de ces points sur la quatrième strie). *Intervalles* densement et finement ponctués ; convexes ou assez convexes, au moins postérieurement : le voisin du repli en partie visible en dessous (♀). *Dessous du corps* offrant sur les côtés de l'antépectus des espèces de sillons obliques et onduleux, séparés par des intervalles étroits, saillants, onduleux, obliquement dirigés en arrière, de dedans en dehors. *Postépisternums* et *côtés des premiers arceaux du ventre* presque réticuleusement ponctués. *Prosternum* relevé en pointe à son extrémité ; peu finement ponctué, rayé d'une ligne médiaire assez étroite. *Pieds* ponctués et garnis d'un duvet fin et peu épais ; noirs ou d'un noir brun, avec les *tarses* d'un brun fauve ou d'un fauve brun.

PATRIE : la Morée, (muséum de Paris, collect. Chevrolat).

♂ *Cuisses antérieures* presque droites, offrant vers les trois quarts leur plus grande largeur, ciliées jusqu'à ce point depuis la base, en dessous : les *postérieures* presque droites ou à peine arquées, légèrement échancrées en arc jusqu'aux deux tiers ; presque glabres. *Jambes antérieures* légèrement arquées, élargies de la base à l'extrémité, sensiblement échancrées depuis la base jusqu'à la moitié : les *intermédiaires* très-faiblement élargies, droites : les *postérieures* grêles, à peine arquées. *Tarses antérieurs* offrant les trois premiers articles très-élargis et ciliés, au moins une fois plus larges que longs, surtout les deux premiers.

♀ *Jambes antérieures* assez faiblement élargies, peu arquées. *Tarses antérieurs* offrant les trois premiers articles assez faiblement et également dilatés : les autres, grêles.

OBS. La disposition des stries est un peu variable. Les première et deuxième stries sont ordinairement unies à leur extrémité et presque terminales : les troisième et huitième unies en enclosant les quatrième et cinquième, et sixième et septième, unies par paires. Les stries varient aussi sous le rapport de la profondeur ; elles paraissent être plus prononcées chez le ♂, et quelquefois égalent environ la moitié au moins de la largeur des intervalles. Ceux-ci sont parfois presque plans en devant (♀), d'autres fois assez convexes (♂). Quoi qu'il en soit, cette espèce se distingue facilement des précédentes par son front réticuleusement ponctué ;

par ses élytres ovalaires, plus larges vers la moitié, surtout par les côtés de son antépectus chargé de lignes saillantes, onduleuses et obliques, et par son prosternum rayé d'un sillon étroit.

Genre *Cabirus*, Cabire.

CARACTÈRES. *Prothorax* et *élytres* en ligne droite ou presque droite à la base.

Ajoutez à ces caractères :

Antennes à peu près aussi longuement ou un peu plus longuement prolongées que les côtés du prothorax; graduellement un peu plus grosses dans leur seconde moitié; à troisième article un peu plus grand que le quatrième : les neuvième et dixième ordinairement en coupe : le dixième au moins ordinairement aussi large ou à peine moins large que long : le dernier oblong ou ovalaire. *Prothorax* à stries latérales presque nulles ou peu marquées; à strie basilaire très-étroite, peu apparente. *Elytres* à stries ordinairement légères; offrant ordinairement les troisième et quatrième unies postérieurement : les cinquième et huitième liées également en enclosant les sixième et septième; mais souvent ces dispositions sont peu appréciables. *Dessous du corps* offran sur les côtés de l'antépectus des lignes ou sillons onduleux ou des points grossiers presque liés en sillons.

Cuisses ordinairement faiblement sillonnées ou non sillonnées en dessous sur toute leur longueur; toutes glabres (σ ♀). *Jambes de devant* élargies de la base à l'extrémité, souvent d'une manière irrégulière chez le σ; chargées en dessous, chez le même sexe, d'une carène apparente : les *intermédiaires* comprimées, parfois arquées chez le σ; non chargées, chez celui-ci, d'une carène sur leur face interne : les *postérieures* parfois déprimées sensiblement ou un peu aplanies en dessous chez le σ.

a. Troisième et neuvième intervalles des stries des élytres
    saillants à leur partie postérieure ,   *minutissimus.*

aa. Intervalles des stries des élytres, tous plans',   *pusillus.*

1. C minutissimus.

*Suballongé; très-faiblement convexe; noir ou noir brun. Prothorax presque
parallèle, à peine arqué sur les côtés; offrant vers chaque cinquième de la base
les faibles traces d'un angle rentrant ; à strié basilaire non interrompue ; ponctué avec quelque tendance à la réticulation. Elytres à stries légères ou peu
profondes et ponctuées (environ trente points sur la quatrième). Intervalles finement ponctués: les troisième, cinquième, et neuvième postérieurement saillants:
le neuvième prolongé vers la suture.*

Heliopathes minutissimus (Dejrolle) *in* litter.

Long. 0,0056 (2 1/2 l.). Larg. 0,0019 (7/8 l.).

Corps suballongé, presque parallèle ; très-faiblement convexe ;
noir ou noir brun, paraissant souvent un peu moins foncé sur la
tête et le prothorax que sur les élytres. *Tête* densement ponctuée ; faiblement déprimée sur la suture frontale. *Antennes*
fauves ou d'un fauve brun ; aussi longuement prolongées que les
angles postérieurs du prothorax ; à troisième article un peu plus
grand que le quatrième : les huitième à dixième en coupe : les
neuvième et dixième aussi larges que longs : le dernier oblong,
rétréci en pointe à partir de la moitié. *Palpes* d'un fauve brunâtre.
Prothorax presque parallèle, à peine arqué sur les côtés, offrant
vers la moitié de sa longueur sa plus grande largeur ; à strie
latérale peu apparente ; en ligne à peu près droite à la base, offrant
cependant, en l'examinant de certain côté, les faibles traces d'un
angle rentrant vers chaque cinquième externe ; orné d'une strie
basilaire très-étroite et non interrompue ; d'un tiers environ plus
large à la base que long dans son milieu ; très-faiblement
convexe ; uniformément couvert de points ayant tendance à la
réticulation. *Ecusson* petit ; ponctué; transverse. *Elytres* presque
parallèles jusqu'aux deux tiers, obtusément arrondies à l'extrémité ; moins faiblement convexes que le prothorax ; à stries
étroites , légères ou peu profondes , marquées de points les
débordant à peine (vingt-six à trente sur la quatrième): les sixième

et septième postérieurement unies et plus courtes. *Intervalles* finement ponctués ; plans : les sutural , troisième, cinquième et neuvième, postérieurement un peu saillants : le neuvième prolongé jusqu'à la suture : le troisième s'unissant avec le neuvième en enclosant les quatrième à huitième. *Dessous du corps* noir ; ponctué, non ridé ou peu sur les côtés de l'antépectus et du ventre. *Prosternum* ponctué ; non sillonné. *Postépisternums* parallèles ; trois fois aussi longs que larges ; marqués de points séparés par des intervalles lisses. *Pieds* d'un rouge brunâtre ou ferrugineux ; ponctués.

PATRIE : Beyrouth, (collect. Deyrolle).

♂ *Cuisses* peu ou point arquées ; glabres en dessous : les *antérieures* à peine canaliculées sur la seconde moitié de leur arête inférieure : les *postérieures* convexes en dessous sur leur moitié basilaire. *Jambes de devant* à peine arquées , élargies de la base à l'extrémité ; échancrées sur le sixième de leur longueur à l'extrémité de l'arête externe ; chargées en dessous d'une carène , laissant étroite la gouttière voisine de la tranche interne. *Trois premiers articles des tarses antérieurs* dilatés ovalairement ; ciliés et garnis en dessous d'un duvet serré : le deuxième au moins une fois plus large que long ; moins large que la jambe à son extrémité.

♀ *Jambes de devant* planes et râpeuses en dessous. *Tarses antérieurs* peu ou point dilatés.

2. C. pusillus.

Suballongé ; faiblement convexe ; noir sur la tête et le prothorax, noir châtain sur les élytres. Prothorax offrant vers le tiers sa plus grande largeur ; en ligne à peu près droite ou à peine arquée en devant, à la base ; à strie basilaire interrompue ; ponctué sur le dos, sensiblement réticuleux entre celui-ci et les côtés. Elytres à stries légères ou presque réduites à des rangées striales de points (environ trente sur la quatrième). Intervalles plans ; superficiellement pointillés. Côtés de l'antépectus ridés.

Heliopathes pusillus MÉNÉTRIÉS, Catal. des Ins. recueillis par feu M. Lehmann in Mém. de l'Acad. imp. des sc. de Saint-Pétersbourg ; VIe série, sc. math. phys. et nat., t. 8., 2^e

partie; Sc. nat. t. 6, 4e livr. (1849), p. 327. u. 457, pl. 4, fig. 6 (suivant l'exemplaire
typique existant au muséum de Saint-Pétersbourg).— Tiré à part de ce mémoire p. 21,
n. 457, fig. 6.

Long. 0,0061 (2 3/4 l.). Larg. 0. 0022 (1 l.).

Corps suballongé ; presque parallèle ; faiblement convexe ;
noir sur la tête et le prothorax, d'un noir châtain sur les élytres.
Tête densement et un peu réticuleusement ponctuée; sans dépression sur la suture frontale. *Antennes* d'un noir brun ; à
dixième article en coupe, un peu moins large que long, au moins
chez le ♂. *Prothorax* élargi peu fortement jusqu'au tiers ou aux
trois cinquièmes, rétréci ensuite en ligne faiblement courbe, à
strie latérale peu apparente; en ligne à peu près droite ou à peine
arquée en devant, et sans traces d'angle rentrant vers chaque
cinquième externe, à la base; à strie basilaire interrompue dans
son milieu ; d'un quart environ plus large à la base que long dans
son milieu ; faiblement convexe ; ponctué sur le dos, sensiblement
réticuleux entre celui-ci et les côtés. *Ecusson* petit ; plan , en
triangle plus large que long. *Elytres* presque parallèles ou plutôt
en ligne très-faiblement courbe jusqu'aux deux tiers, offrant vers
le quart ou vers la moitié sa plus grande largeur , subarrondies
ou en ogive subarrondie à l'extrémité ; moins faiblement convexes
que le prothorax ; à stries légères, presque réduites , surtout
postérieurement, à des rangées striales de points (environ trente
sur la quatrième) : les sixième et septième postérieurement unies
et plus courtes. *Intervalles* plans ; presque lisses , superficiellement pointillés. *Dessous du corps* d'un brun rouge ou d'un rouge
brun, avec les côtés de l'antépectus plus foncés, ridés ou marqués
de rides ponctuées et un peu onduleuses. *Prosternum* pointillé ;
rayé d'un sillon médiaire. *Postépisternums* grossièrement ponctués, à peine arqués au côté interne; deux fois et demie aussi longs
que larges. *Pieds* bruns ou d'un brun rougeâtre ; ponctués.

Patrie : Samarkande, (muséum de Saint-Pétersbourg, *type*).

♂ *Cuisses* peu arquées ; glabres en dessous : les *antérieures* sillonnées sur leur arête inférieure , obtusément anguleuses vers les deux tiers du bord postérieur de ce sillon : les *postérieures* planes, mais non canaliculées en dessous. *Jambes* sensiblement arquées : les *antérieures* grèles jusqu'aux deux cinquièmes, déprimées et élargies ensuite, en formant, sur leur arête interne ou inférieure, une sinuosité prononcée près de l'extrémité, aussi larges à celle-ci que le tiers de la longueur de leur arête externe : celle-ci échancrée, au moins sur le cinquième de la longueur, à son extrémité : les *intermédiaires* plus faiblement élargies , comprimées : les *postérieures* presque également grèles. *Trois premiers articles des tarses antérieurs* dilatés ovalairement, ciliés et garnis en dessous d'un duvet serré ; à deuxième article au moins une fois plus large que long ; moins large que la jambe à son extrémité.

♀ Inconnue.

ERRATA.

Page 40, ligne 14, au lieu de *crenatus*, lisez : *striatus*.

Page 76, ligne 14, à la fin de l'observation, *ajoutez* ;

Les côtés du prothorax sont parfois peu sensiblement festonnés. Les intervalles des élytres, impointillés à la vue simple ou à une faible loupe, offrent, sous un verre grossissant fortement, des points très-petits, très-espacés ou peu rapprochés et par cela très-différents de ceux de l'espèce suivante.

Page 90 , ligne 1, *au lieu de* collect. Deyrolle, *lisez* : collect. Chevrolat.

Page 96, *au lieu de* 66 comme chiffre indiquant la page. *lisez:* 96.

Page 108. *Rectifiez de la manière suivante* la fin du tableau des Trigonopaires, après la ligne 12 :

π Intervalle voisin du repli invisible en dessous.

ρ Elytres munies d'une petite dent à l'angle huméral. *Mannerheimii.*

ρρ Elytres sans dent à l'angle huméral.

σ Intervalles des stries des élytres imponctués,   *morosus.*

σσ Intervalles des stries des élytres ponctués,   *Verreauxii.*

ππ Intervalle voisin du repli en partie visible en dessous.

Elytres munies d'une petite dent à l'angle huméral,   *immundus.*

Page 111, ligne 22, après Deyrolle, *ajoutez* : le pays de Natal (coll. Perroud).

Page 144, ligne 14, au lieu de *Elytres unies*, lisez : *Elytres munies.*

Page 148, ligne 2, *au lieu de* cqeru, es en, *lisez* : arquées en devant.

Page 172, ligne 18, après (Chevrolat) *ajoutez* : les envir. de Lyon (coll. Perroud).

Page 177, après la dernière ligne, *ajoutez* : C'est le *Pedinus meridianus* du catalogue Dejean.

Ligne placée par erreur typographique à la page 181, où elle doit être supprimée.

Page 202, ligne 11, *au lieu de* Turemanie, lisez : Turcomanie.

TABLEAU MÉTHODIQUE

DES

PÉDINITES.

———————

1re Branche, **Platynotaires.**

PLATYNOTUS, *Fabricius.*

Striatus, *Fabric.*	Indes orientales.
Crenatus, *Fabric.*	*Id.*
Sternalis. *Muls. et Rey.*	*Id.*
Excavatus, *Fabr.*	*Id.*
Perforatus (*Dej.*), *Muls. et Rey.*	*Id.*
Punctatipennis (*de Brême*), *Muls. et R.*	*Id.*
Deyrolii, *Muls. et Rey.*	*Id.*

NOTOCORAX, *Mulsant et Rey.*

Nervosus, *Muls, et Rey.*	*Id.*
Crenatus, *Fabr.*	*Id.*
Reticulatus, *Fabr.*	*Id.*
Mellyi, *Muls. et Rey.*	*Id.*
Ambiguus, *Muls. et Rey.*	Coromandel.
Parallelus (*Deyrolle*), *Muls. et Rey.*	Indes orient.

{ Javanus, *Wiedemann*.	Java, Timor.
{ *Westermanni*, Mannerheim.	*Id.*
Strigipennis (*Dupont*), *Muls. et Rey.*	Bengale.
Nigrita, *Fabr.*	Indes orient., Chine.
Arcuatus, *St-Fargeau et Serville*.	Indes orient., Java.

EUCOLUS, *Mulsant et Rey.*

Polinierii, *Muls. et Rey.*	Coromandel.

2ᵉ Branche, **Opatrinaires.**

OPATRINUS (*Dej.*), *Latreille.*

(*s. g. Zidalus, Muls. et Rey.*)

CORVINUS, (*Waltl.*) *Muls. et Rey.*	Sénégambie, Egypte.

(*s. g. Opatrinus*)

Gemellatus, *Olivier.*	Guadeloupe . Cayenne . Colombie , Nouvelle-Grenade.
Laticollis (*Latreille*), *Muls. et Rey.*	Nouvelle Grenade.
Gibbicollis (*Deyrolle*), *Muls. et Rey.*	Colombie.
Anthracinus (*Dejean*), *Muls. et Rey.*	Cuba, Yucatan, Mexique , Nouvelle Grenade.
Mœstus (*Dejean*), *Muls. et Rey.*	Mexique, Nouvelle Grenade, Chili.
Notus, *Say.*	Etats-Unis, Algérie, Egypte.
Niloticus, *Muls. et Rey.*	Egypte.
Setosus, *Muls. et Rey.*	*Id.*

(*s. g. Zodinus, Muls. et Rey.*)

Ovalis (*Dej.*) *Muls. et Rey.*	Sénégal.
Servus, *Muls. et Rey.*	Guinée.
Madagascariensis, *Muls. et Rey.*	Madagascar.
Insularis, *Muls. et Rey.*	*Id.*

SELINUS, *Muls. et Rey.*

Menouxii, *Muls. et Rey.*	Afrique?
Planus, *Fabricius.*	Sierra Leone, Guinée.
Lucasi, *Muls. et Rey.*	Asie.

3ᵉ Branche. — **Trigonopaires**.

TRIGONOPUS (*Solier*)*, Muls. et Rey.*

Capicola (*Dej.*), *Muls. et Rey.*	Cap de Bonne-Espérance.
Marginatus (*Wiedemann*), *Muls. et Rey.* Striatus, Schoenh.	Cap de Bonne-Espérance, Natal.
Platyderus, *Muls. et Rey.*	Afrique.
Spinipes, *Muls. et Rey.*	*Id.*
Lethaeus, *Muls. et Rey.*	*Id.*
Exaratus (*Dej.*), *Muls. et Rey.*	Cap de Bonne-Espérance.
Porcus, *Muls. et Rey.*	*id.*
Tenebrosus (*Dej.*), *Muls. et Rey.*	*Id.*
Typhon, *Muls. et Rey.*	Natal.
Funebris (*Boheman*) *Muls. et Rey.*	*Id.*
Latemarginatus (*Chevr.*), *Muls. et R.*	Cap de Bonne-Espérance.
Nigerrimus (*Dej.*), *Muls. et Rey.*	*Id.*
Armatus, *Muls. et Rey.*	Natal.
Longulus (*Buquet*)*, Muls. et Rey.*	Cap de Bonne-Espérance.
Chevrolati, *Muls. et Rey.*	*Id.*
Morosus, *Muls. et Rey.*	*Id.*
Mannerheimii, *Muls. et Rey.*	*Id.*
Verreauxii, *Muls. et Rey.*	*Id.*
Immundus (*Dej.*), *Muls. et Rey.*	*Id.*

4ᵉ Branche. — **Pédinaires**.

PEDINUS, *Latreille.*

(*s. g. Vadalus, Muls. et Rey.*)

Punctulatus (*Kindermann*), *M. et R.*	Turquie.

(*s. g. Pedinus.*)

Olivieri (*Chevr.*), *Muls. et Rey.*	Egypte, île de Crète.
Quadratus, *Brullé.*	Grèce, Sicile, France.
Helopioides, *Germar.*	Hongrie, Dalmatie, îles Ioniennes.
Gibbosus (♀), Brullé.	Morée.

Gibbosus, *Muls. et Rey.*	Grèce, Dalmatie.
Affinis (♀), *Brullé.*	Grèce.
Fallax, *Muls. et Rey.*	Dalmatie, Styrie, Russie méridion. Caucase, Sardaigne.
Helopioides, var. Germar.	Dalmatie.
Var ? Gracilis (*Ziegler*), *Muls. et R.*	Id.
Punctato-striatus (*Ullrich*), M. et R.	Sicile, Portugal, Lyon.
Meridianus (*Dej.*), *Muls. et Rey.*	Lyon , Midi de la France , Corse , Lombardie.
Fatuus, *Muls. et Rey.*	Sicile.
Oblongus (*Schmidt et Helfer*), M. et R.	Ile de Crète.
Schaumii, *Muls. et Rey.*	Orient.
Subdepressus, *Brullé.*	Morée, Albanie, Asie.
Natolicus, *Muls. et Rey.*	Natolie.
Curvipes (*Dej.*) *Muls. et Rey.*	Turquie d'Europe et d'Asie, Russie méridionale.
Femoralis, *Linné.*	France.
Curtulus (*Motschoulsky*),*Muls. et Rey.*	Georgie, Turquie, bords de la Casp.
Tauricus (*Dej.*), *Muls. et Rey.*	Taurie, Turcomanie.
Æqualis, *Faldermann.*	Turcomanie, Steppes des Kirghis.
Volgensis (*Mannerheim*),*Muls. et Rey.*	Russie méridionale.

(s. g. Blindus, Muls. et Rey.)

Strigosus, *Faldermann.*	Chine boréale.

COLPOTUS, *Muls. et Rey.*

Strigicollis (*Mannerheim*), M. et R.	Etrurie, Naples, Sicile.
Strigosus, Ach. Costa.	Id.
Similaris, *Muls. et Rey.*	Portugal.
Godarti, *Muls. et Rey.*	Corse.
Byzantinus (*Klug*), *Wattl.*	Turquie d'Europe.
Sulcatus, *Muls. et Rey.*	Ile de Crète.
Pectoralis, *Muls. et Rey.*	Morée.

CABIRUS , *Muls. et Rey.*

Minutissimus (*Deyrolle*),*Muls et Rey.*	Syrie.
Pusillus, *Ménétriés.*	Samarkande.

TABLE

DES PÉDINITES.

Par Ordre Alphabétique.

BLAPS.	Pag.
Crenata	52
Dermestoides	192
Femoralis	192
Helopioides	162
Excavata	43
Gemellata	74
Striata	41
BLINDUS	206
CABIRUS	139
Minutissimns	140
Pusillus	141
COLPOTUS	124
Byzantinus	132
Godarti	130
Pectoralis	156
Similaris	128
Strigicollis	126
Sulcatus	134
EUCOLUS	67
Polinierii	67
EURYNOTUS	.
Capicola	109
Exaratus	120
Gibbicollis	140
Immundus	145
Latemarginatus	128
Longulus	134
Lugubris	101
Marginatus	110
Nigerrimus	132
Tenebrosus	124
HELIOPATHES	.

Minutissimus	224
Pusillus	225
HELOPS	.
Lœvigatus	192
Maurus	63
Nigrita	43
NOTOCORAX	48
Ambiguus	55
Arcuatus	65
Crenatus	52
Javanus	58
Mellyi	54
Nervosus	50
Nigrita	63
Parallelus	56
Strigipennis	61
Westermanni	60
Opatrinaires	69
OPATRINUS	70
Ægyptiacus	71
Anthracinus	79
Corvinus	71
Crenatus	67
Dejeanii	84
Extensus	98
Gemellatus	74
Gibbicollis	78
Gibbosus	78
Indicus	67
Insularis	95
Laticollis	76
Laticollis	49
Latus	50

Madagascariensis 94
Mœstus 82
Niloticus 87
Notus 84
Ovalis 90
Punctatus 84
Senegalensis 92
Servus 92
Setosus 88
Strigipennis 61
OPATRUM. . . . . . . •
Clathratum 74
Femorale 192
Femoratam 192
Javanum 58
Notum 84
Planum 100
Reticulatum 52
PANDARUS . . . . . . •
Ovalis . . . . . . •
Strigosus . . . . . •
Pedinaires 146
PEDINUS 148
Æqualis 200
Affinis 165
Arcuatus 65
Bassii 172
Byzantinus . . . . . •
Coarctatus 162
Convexiusculus . . . 197
Costatus 162
Curtulus 196
Curvipes 189
Cylindricus 184
Dermestoides 192
Fallax 168
Fatuus 178
Femoralis 191
Funebris 126
Georgicus 197
Gibbosus 165

Gibbosus 162
Gracilis 171
Helopioides 162
Helopioides 168
Meridianus 175
Natolicus 187
Oblongus 179
Olivieri 157
Ovatus 197
Punctato-striatus . . . 172
Punctatus 157
Punctulatus 150
Quadratus 159
Schaumii 181
Sericeicollis 210
Similaris 212
Strigicollis 210
Strigosus 206
Subdepressus 184
Tauricus 197
Volgensis 203
PIMELIA . . . . . . •
Excavata 43
Femoralis 192
Maura 43
Nigrita 63
Striata 41
Platynotaires . . . 38
PLATYNOTUS 39
Costatus 54
Crenatus 41
Deyrolii 47
Excavatus 43
Gigas 41
Humeridens 54
Parallelus 57
Perforatus 44
Punctatipennis 45
Rabourdini 52
Reticulatus 52
Sternalis 42

Striatus 41	Exaratus 118
Striatus 110	Funebris 126
SELINUS 97	Lethæus. 116
Lucasi 102	Latemarginatus. . . . 128
Menouxii 97	Longulus 134
Planus 99	Mannerheimii 140
? ENEBRIO	Marginatus 109
Atratus 63	Morosus. 138
Dermestoides 192	Nigerrimus 130
Dispar 63	Platyderus 112
Femoralis 192	Porcus 120
Gemellatus 192	Spinipes. 114
Ingens 43	Tenebrosus 123
Minimus 84	Typhon 124
Trigonopaires . . . 104	Verreauxii 42
TRIGONOPUS 105	Immundus 144
Arcuatus 132	*VADALUS* 150
Capicola. 108	*ZIDALUS* 71
Chevrolati 136	*ZODINUS* 90

EXPLICATION DES PLANCHES.

PLANCHE PREMIÈRE.

FIGURE 1.   Partie médiaire du premier arceau ventral des Pédinites.
(*Platynotus Deyrollii*).

—   2.   Tête et yeux des Platynotaires (*Platynotus striatus*).

—   3 et 4.   Mandibules du *Platynotus striatus*.

—   5.   Mâchoires et palpes maxillaires du même insecte.

—   6.   Menton du même insecte.

—   7.   *Platynotus Deyrollii.*

—   8.   Repli des élytres des Platynotaires.

—   9.   Prosternum du *Platynotus striatus.*

—   10.   Prosternum du *Platynotus Deyrollii.*

—   11.   *Notocorax arcuatus* ♀.

—   12.   Menton du *Notocorax nervosus.*

—   13.   Repli des élytres des *Notocorax.*

—   14.   Tibia et tarse antérieurs du *Notocorax arcuatus* ♂.

—   15.   Tibia postérieur du *Notocorax arcuatus* ♂.

—   16.   Menton de l'*Eucolus Polinierii.*

—   17.   *Eucolus Polinierii.*

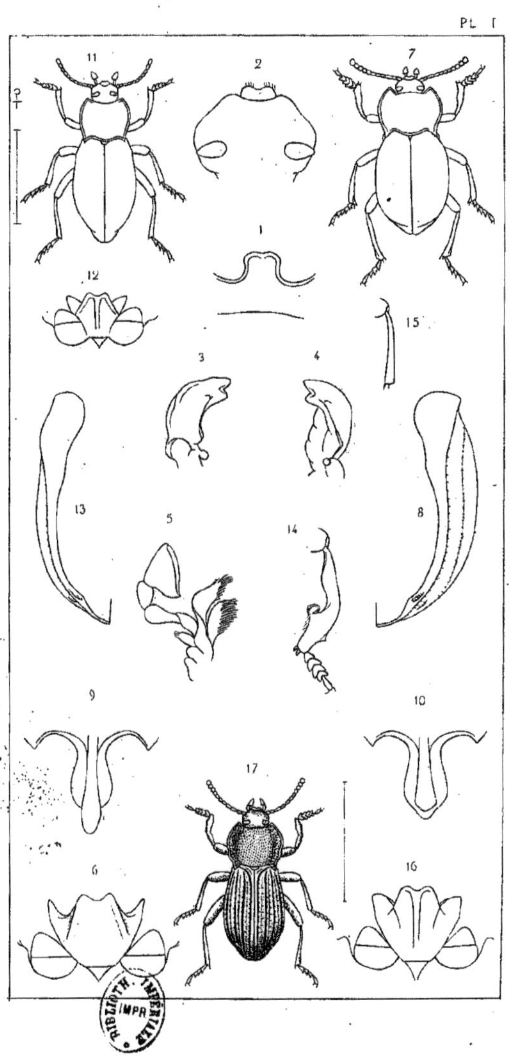

PLANCHE II.

FIGURE   1.   Elytre grossie du *Platynotus striatus* .

—   2.   Prosternum du *Notôcorax nervosus*.

–   3.   Prosternum du *Notocorax parallelus*.

—   4.   Elytre grossie du *Notocorax arcuatus*.

—   5.   Base du prothorax des Opatrinaires.

—   6.   Menton de l'*Opatrinus anthracinus*.

—   7.   Elytre grossie de l'*Opatrinus anthracinus*.

—   8.   Menton de l'*Opatrinus ovalis*.

—   9.   Elytre grossie de l'*Opatrinus ovalis*.

—   10.   *Opatrinus ovalis*, grossi.

—   11.   Base du prothorax du *Selinus planus*.

—   12.   Elytre grossie du *Selinus planus*, pouvant aussi servir à indiquer la forme des élytres de la plupart des espèces du genre *Trigonopus*.

—   13.   Tibia et tarse antérieurs du *Selinus planus* ♂.

—   14.   Base du prothorax des premières espèces du genre *Trigonopus*.

—   15.   Base du prothorax des dernières espèces du genre *Trigonopus*.

—   16.   Repli des élytres, des Trigonopaires en général (*Trigonopus lethaeus*).

—   17.   Elytre grossie du *Trigonopus lethaeus*.

—   18.   Tibia et tarse antérieurs du *Trigonopus lethaeus* ♂.

—   19.   Tibia et tarse antérieurs du *Trigonopus marginatus* ♂.

—   20.   Tibia et tarse antérieurs du *Trigonopus platyderus* ♂.

—   21.   Tibia et tarse autérieurs du *Trigonopus spinipes* ♂.

—   22.   Tibia et tarse antérieurs du *Trigonopus lyphon* ♂.

—   23.   Tibia et tarse antérieurs du *Trigonopus funebris* ♂.

—   24.   Tibia et tarse antérieurs du *Trigonopus nigerrimus* ♂.

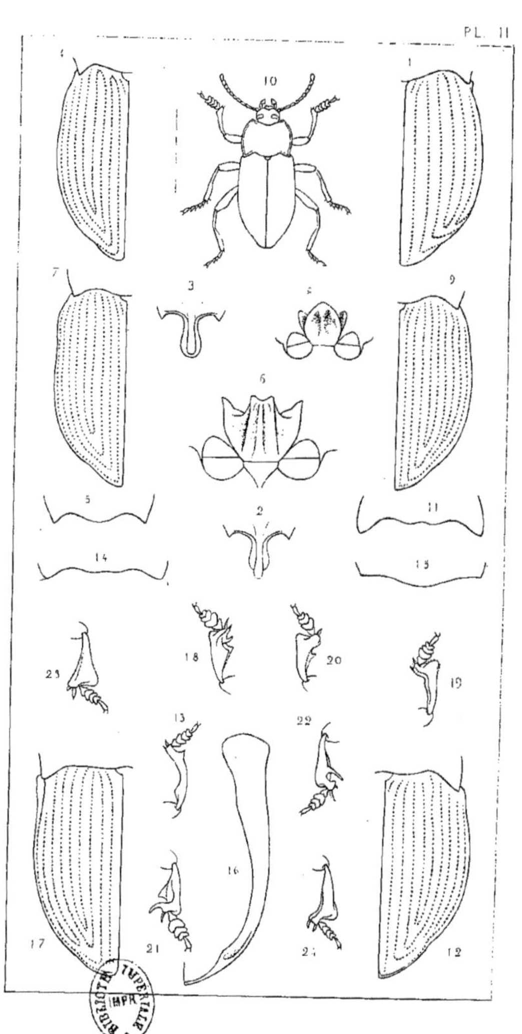

PLANCHE III.

FIGURE 1. Prosternum du *Selinus planus*.
— 2. Menton du même insecte.
— 3. *Selinus planus*, grossi.
— 4. *Trigonopus lethaeus*, grossi.
— 5. Prosternum du *Trigonopus spinipes*.
— 6. Menton des *Trigonopus spinipes* et *lethaeus*.
— 7. Tibia et tarse antérieurs du *Trigonopus arcuàtus* ♂.
— 8. Tibia et tarse antérieurs du *Trigonopus Chevrolati* ♂.
— 9. Tibia et tarse antérieurs du *Trigonopus Verreauxii* ♂.
— 10. Tibia et tarse antérieurs des *Trigonopus immundus, porcus et morosus*.
— 11. Rebord latéral du prothorax du *Trigonopus marginatus*.
— 12. Rebord latéral du prothorax du *Trigonopus platyderus*.
— 13. Tête et yeux des Pédinaires.
— 14. Base du prothorax des espèces du genre *Pedinus*.
— 15. Base du prothorax des espèces du genre *Colpotus*.
— 16. Menton du *Pedinus quadratus*,
— 17. *Pedinus punctulatus* ♂, grossi.
— 18. *Pedinus quadratus* ♂, grossi.
— 19. *Pedinus subdepressus* ♂, grossi.
— 20. *Colpotus Godarti* ♂.

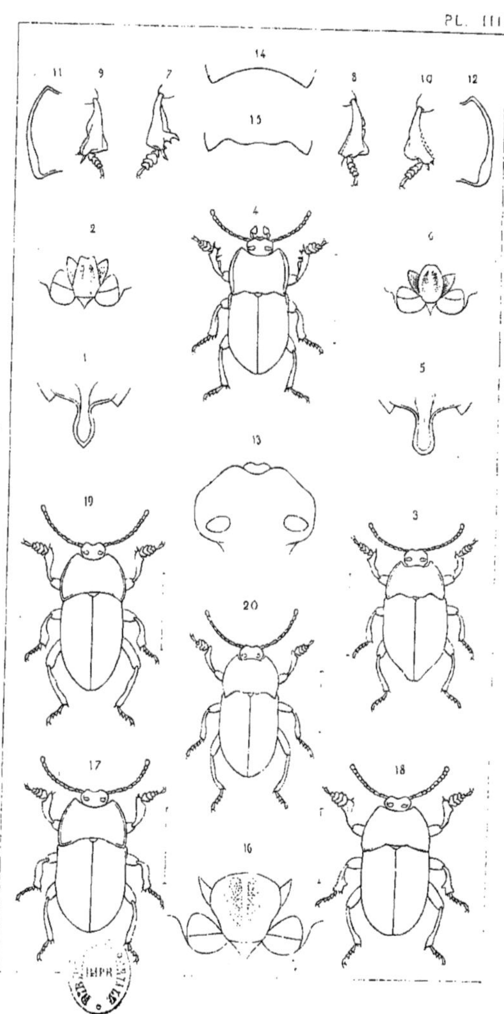

PLANCHE IV.

FIGURE 1. Prosternum du *Pedinus punctulatus*.
— 2. Prosternum du *Pedinus Olivieri*.
— 3. Prosternum du *Pedinus quadratus*.
— 4. Prosternum du *Pedinus helopioides*.
— 5. Prosternum du *Pedinus gibbosus*.
— 6. Prosternum du *Pedinus fallax*.
— 7. Prosternum du *Pedinus punctato-striatus*.
— 8. Prosternum du *Pedinus meridianus*.
— 9. Prosternum du *Pedinus oblongus*.
— 10. Prosternum du *Pedinus subdepressus*.
— 11. Prosternum du *Pedinus femoralis*.
— 12. Prosternum du *Pedinus curvipes*.
— 13. Prosternum du *Pedinus tauricus*.
— 14. Prosternum du *Pedinus punctatus*.
— 15. Prosternum du *Colpotus similaris*.
— 16. Elytre grossie du *Pedinus quadratus*.
— 17. Prothorax du *Pedinus helopioides*.
— 18. Prothorax du *Pedinus fallax*.
— 19. Tibia et tarse antérieurs du *Pedinus punctulatus* ♂.
— 20. Tibia intermédiaire du même insecte.
— 21. Tibia et tarse antérieurs du *Pedinus Olivieri* ♂.
— 22. Cuisse et tibia postérieurs des *Pedinus*, en général.
— 23. Cuisse et tibia postérieurs du *Pedinus Olivieri* ♂.
— 24. Cuisse et tibia postérieurs du *Pedinus quadratus* ♂.
— 25. Tibia intermédiaire du *Pedinus helopioides*, et aussi à peu près du *quadratus*.
— 26. Tibia intermédiaire du *Pedinus gibbosus* ♂.
— 27. Tibia postérieur du *Pedinus gibbosus* ♂.
— 28. Cuisse et tibia postérieurs du *Pedinus subdepresssus* ♂.
— 29. Tibia intermédiaire du *Pedinus meridianus* ♂, et à peu près des *Pedinus subdepressus, Olivieri, punctato-striatus*.
— 30. Cuisse et tibia postérieurs du *Pedinus meridianus* ♂.
— 31. Tibia antérieur du *Pedinus oblongus* ♂ (le tibia du *Pedinus punctato-striatus* se rapproche de cette forme).
— 32. Cuisse et tibia postérieurs du *Pedinus oblongus* ♂.
— 33. Tibia intermédiaire du *Pedinus femoralis* ♂ (et à peu près aussi de celui du *P. tauricus*).
— 34. Tibia intermédiaire du *Colpotus similaris* ♂.
— 35. Tibia intermédiaire du *Colpotus sulcatus*.
— 36. Prothorax du *Cabirus pusillus*.
— 37. Tibia et tarse antérieurs du *Cabirus minutissimus*.

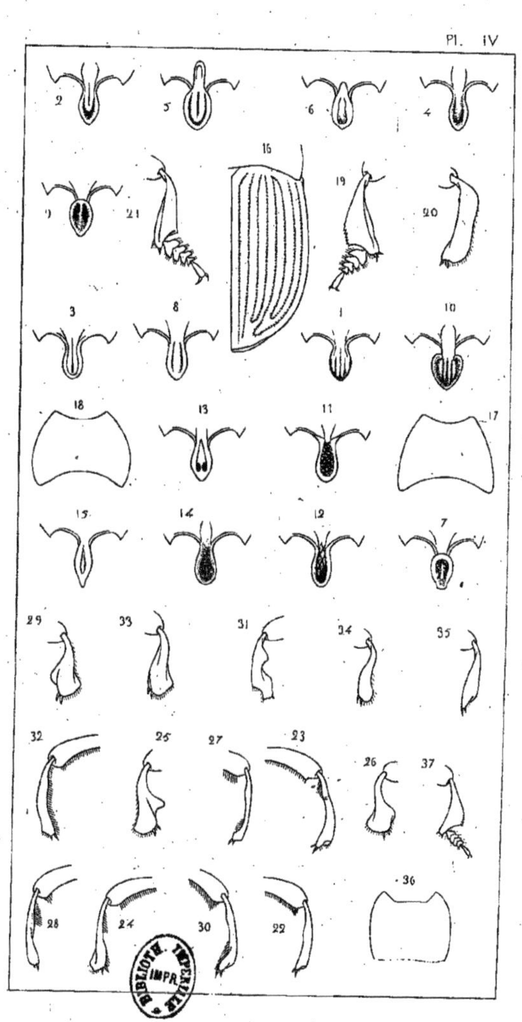

BIBLIOTHÈQUE NATIONALE DE FRANCE
3 7531 03285030 8

www.ingramcontent.com/pod-product-compliance
Ingram Content Group UK Ltd.
Pitfield, Milton Keynes, MK11 3LW, UK
UKHW021019140726
13695UKWH00001B/348